大炒特炒：

大火烹炒家常美味

蔬菜滋味清爽
菌菇营养美味
肉味浓香难挡
水产鲜美无敌
蛋豆花样繁多

瑞雅

上海科学普及出版社

图书在版编目（CIP）数据

大炒特炒：大火烹炒家常美味 / 瑞雅编著. -- 上海：上海科学普及出版社，2014.1

（中国好味道）

ISBN 978-7-5427-5989-4

Ⅰ. ①大… Ⅱ. ①瑞… Ⅲ. ①炒菜－菜谱 Ⅳ. ①TS972.12

中国版本图书馆CIP数据核字（2013）第289710号

责任编辑 张 帆

大炒特炒：大火烹炒家常美味

瑞 雅 编著

上海科学普及出版社出版发行

（上海中山北路832号 邮政编码 200070）

http://www.pspsh.com

各地新华书店经销 北京外文印务有限公司

开本 635 × 965 1/12 印张 20 字数 220千字

2014年1月第1版 2014年1月第1次印刷

ISBN 978-7-5427-5989-4 定价：29.80元

目录

contents

第1章 炒无第一，炒菜是个技术活儿

第2章 家常炒菜，爱上家的味道

第3章 创意炒菜，令人拍案叫绝

第一章
炒无第一
炒菜是个技术活儿

切割食材有技巧，烹炒起来更美味

切菜的讲究很多，应根据材料选择适当的切法。家庭烹饪常用直刀法，直刀法又分为直切、推切、拉切、锯切、滚切、铡切等，具体如下：

◎ **直切**。直切是指用刀直接切材料。刀身与砧板垂直，上下起落将材料切断，这种刀法适合切无骨的材料，如竹笋、萝卜、豆腐等。

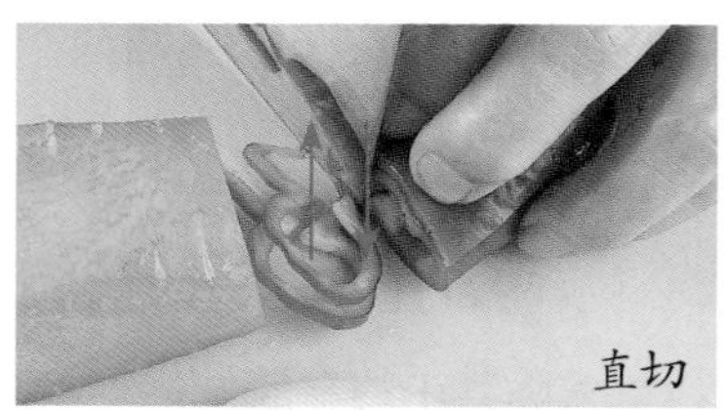

直切

◎ **推切**。推切是用刀对准材料，自上而下从靠近身体处往外推切出去，一推到底把材料切开，这种切法适用于较软较脆的材料，比如豆腐、酱牛肉、煮熟的白肉等。

推切

◎ **拉切**。拉切是用刀刃的中后部位对准材料，由上而下往身体的方向一拉到底，将材料切断，这种刀法适用于软的、有韧性或有筋的材料，如猪蹄、鸡肝、肉丝等。

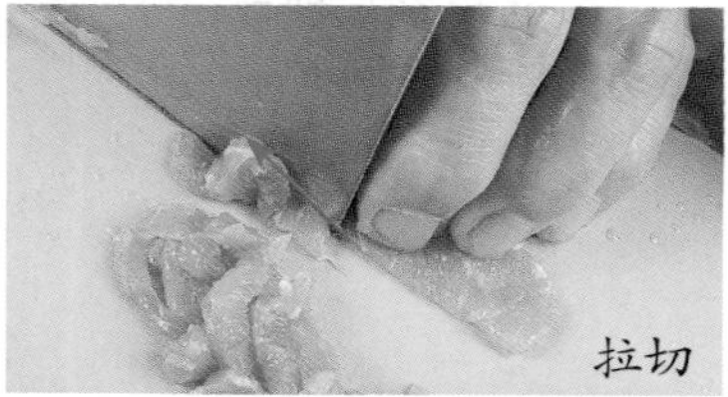

拉切

◎ **锯切**。锯切以先推后拉的方式拉锯式地将材料切断，这种刀法适用于较厚、较硬的韧性材料，或组织松散的食材，如火腿、里脊肉、筋络、面包、蛋糕等。

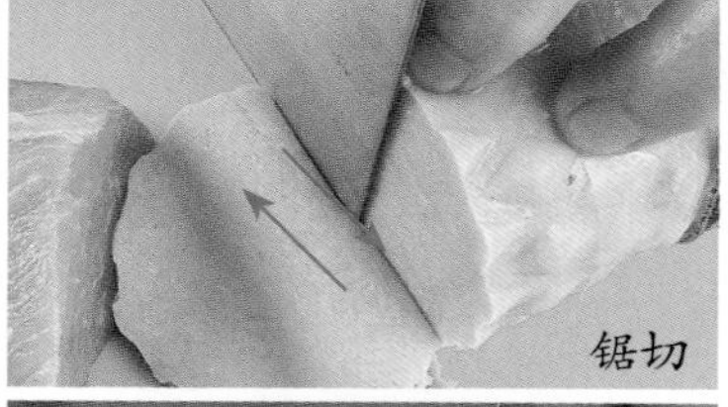

锯切

◎ **滚切**。滚切是指每切完一刀，便将材料滚动一次，滚动的角度应一致，才能使切好的材料形状保持一致，适用长条的圆柱形或近似柱状的脆性材料，如萝卜、茄子、黄瓜、土豆等。

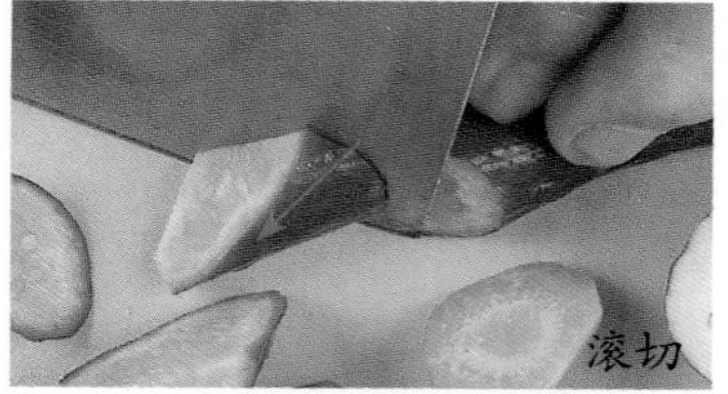

滚切

◎ **铡切**。铡切是指一手持刀柄，一手按住刀背的前端，将材料放在刀刃的中间，抬起刀柄时压低刀尖，持刀柄的手再用力压切，如此反复交替，此法适宜切末或切带壳及带软骨的材料，如蟹、大蒜等。

铡切

很多食材在烹炒之前，需要经过一些加工处理才能入菜。以菠菜为例，菠菜的营养很丰富，却含有大量鞣酸。鞣酸不但会影响口感，同时也会影响人体对钙、铁等营养元素的吸收。所以烹炒之前，需将菠菜氽烫一下，以能去除其中的鞣酸。

所以，为了保证炒菜的色、香、味乃至营养，对于材料的一些处理方式，是炒菜之前所必须了解、掌握的知识。下面，我们就为大家介绍几种日常生活中经常会用到的材料处理方式。

氽烫

氽烫是指将经过择洗、切块等初加工过的材料，放在沸水锅中略加热烫至半熟或七八成熟，以便下一步烹调的一种处理方式。在很多地方，也称之为氽、氽水、焯水、出水等。

氽烫的目的

◎使绿色蔬菜色泽碧绿、口感脆嫩；除去材料中的部分异味以及一些不利于人体的物质。

◎调整不同材料的加热时间，使不同材料的烹炒时间达到一致。

◎缩短烹炒时间，便于加工。经过氽烫的食物已经半熟或七八成熟，下锅后，在很短的时间内就能烹炒、调味至熟。

氽烫的原则

◎分开氽烫。对于有特殊气味的材料要分开氽烫，如牛肉、羊肉、肥肠、毛肚、菠菜、韭菜等，以免特殊气味使材料串味影响口味和质地。另外，深色材料与浅色材料也要分开氽烫，否则也会影响到彼此的色泽。

◎氽烫的时间有长短之分。材料有大小、粗细、厚薄、老嫩、软硬之分，所以需要分别氽烫。体积大、质地老硬的要氽烫久一点，体积小、质地嫩软的要氽烫快一些。

氽烫的方法

◎冷水锅氽烫。这种氽烫的方法因为对材料的加热时间较久，一般适合肉类材料，如牛肉、肥肠、毛肚等。具体方法是将材料洗净，跟冷水一起下锅，水不要太多，只要淹没材料即可。然后开火加热，并翻动材料，使其受热均匀，并拂去浮沫。这样做的目的是为了使肉类材料中的血污在热水中充分渗出。

◎沸水锅氽烫。这种氽烫方法一般适用于蔬菜类材料和腥味较小的肉类材料，如鸡肉、鸭肉和蹄等。具体方法是将水烧沸后，将材料投入沸水锅中，片刻捞起，并用冷水冲洗，使材料冷却。这

样做的目的是为了避免材料过熟，同时保持材料的色泽、鲜嫩。

上浆

上浆是指将调料和淀粉、鸡蛋清等直接加入材料中搅拌均匀，形成浆流状物质的处理方法，其目的是为了增强食物的鲜嫩口感。

上浆的原则

◎ 先对材料进行调味，然后才能上浆。

◎ 对于新鲜娇嫩的材料，浆要稍微厚一点；较为老的材料，浆要稍微薄一点；冷冻过的材料上浆要用干淀粉。

◎ 如果是上浆后就下锅烹调，浆可稍厚一些；如果上浆后冷藏备用，浆可稍微薄一些，这样是为了使淀粉吸水，慢慢胀起。

上浆的种类

◎ **蛋清淀粉浆**。用淀粉和蛋清调浆，加入已调味的材料中，搅拌均匀。用于滑油菜肴，如炒虾仁、鱼片等，可保证成品色白细嫩。

◎ **全蛋淀粉浆**。用鸡蛋液和淀粉调浆，加入已调味的材料中，搅拌均匀。常用于材料经过滑油的菜肴烹调。

◎ **水淀粉浆**。用水淀粉加入已调味的材料中，搅拌均匀、抓好。常用于普通炒菜，如炒肉丝、炒肉片、炒猪肝、炒腰花等。

◎ **苏打浆**。用淀粉和小苏打调浆，加入已经调味的材料中，搅拌均匀，1～2小时后使用。此浆有嫩滑肉质的作用，常用于牛肉菜肴。

上浆的时间和动作

◎ **上浆时间**。上浆要在材料加热前15分钟进行，这时只用水或蛋液，在正式加热前再用水或蛋液补浆，然后拌入淀粉。

◎ **上浆动作**。需要上浆的原料多细小质嫩，而上浆的手法是用手抓捏，故上浆时的动作一定要轻，以防止抓碎原料。

滑油

滑油是指将经过腌渍的材料放在油锅中过一下，以封住汁液，保持原味，增强食物滑嫩、香脆的口感。也称之为划油、拉油等。

滑油的目的

◎ 使材料烹炒后具有滑嫩、酥脆的优质口感。

◎ 保持和增强材料原有的色泽。

◎ 通过油脂的作用，去除材料中的腥味。

◎ 保持材料的形态完整。

滑油的方法

油锅洗净，倒入量为材料的4～5倍的油，加热至三四成热，轻摇油锅，使热油在锅底滑一圈。倒入材料快速滑散，炒开，沥油，起锅装盘。

滑油的原则

◎ **分散入锅，避免粘锅**。尤其是上浆的材料，容易粘锅，更要分散下锅。发生粘锅时，要及时拨开。

◎ **注意油温和火候**。滑油要注意火候、油温适中，材料下锅后，待其成型、不松散即可。如果油温太低，则会导致材料脱浆；而油温过高也会导致材料干缩、焦煳等。

调味的基本常识

炒菜时的调味至关重要，菜的口味主要分为鲜、酸、甜、香、辣、咸等基本味，又可由基本味组成多种复合味。

◎**鲜味**。相应的调料主要有味精、鸡精、干贝素、海鲜素及蚝油等。

◎**酸味**。相应的调料主要有老陈醋、白醋、番茄酱等，主要用于烹制水产品，如鱼类等，能有效去除腥味，还能增香、增鲜等。

◎**甜味**。相应的调料为糖类，在南方菜品中使用较多，在烹制水产品中也较常用，能增加菜品的甜度和鲜度。

◎**香味**。相应的调料主要为香辛料，如大料、花椒、黑白芝麻等，可增进食欲，还可使菜品具有不同的香味。

◎**辣味**。相应的调料主要有葱、姜、大蒜、干红椒等，能增进食欲，使菜品具有独特的香辣味。

◎**咸味**。相应的调料主要有盐、酱油及各种酱等。

液体调料

◎**香油**。菜肴起锅前淋些香油，可增加菜品的香味。腌渍食物时，亦可加香油增添香味。

◎**酱油**。使菜肴入味，并增加菜品的色泽，适合红炒及制作卤味。

◎**蚝油**。鲜味极强，可起到提鲜的作用。蚝油本身很咸，可放入白糖稍加中和。

◎**醋**。深色醋不宜久煮，在起锅前加入即可。白醋宜略煮，可使酸味变淡。

◎**料酒**。烹调鱼、肉类时添加少许的料酒，可去腥味、增香味。

◎**辣椒酱**。红辣椒磨成的酱，呈赤红色黏稠状。可增添辣味，并增加菜肴色泽。

◎**甜面酱**。本身味咸，用油以小火炒过之后可去除酸味。亦可用水调稀，并加少许白糖调味，风味更佳。

◎**辣豆瓣酱**。本身味咸，油爆过之后菜品的色泽及味道较好。

◎**芝麻酱**。本身较干，可加冷水或冷高汤调稀。多用于拌制凉菜，有浓郁的香味。

◎**番茄酱**。常用于茄汁、糖醋等口味菜的烹制，增加菜品色泽。

◎**鲍鱼酱**。采用天然鲍鱼精浓缩制造而成，适于煎、煮、炒、炸、卤等烹制方式。

◎**XO酱**。由多种海鲜精华浓缩而成，适用于各种海鲜料理。

固体调料

◎**盐（低钠盐）**。渗透力强，适合腌渍食物，但要注意腌渍时间与用量。

◎ **糖**。多使用白糖。红烧及卤菜中加入少许糖，可增添菜肴的风味及色泽。

◎ **味精**。可增添食物的鲜味，尤其是加入汤中最适合。

◎ **泡打粉**。加入面糊中，可以显著增加成品菜的膨胀感。

◎ **面粉**。分高筋、中筋、低筋三种。制作面糊时以选用中筋面粉为宜。

◎ **淀粉**。一般用作勾芡，使用时先用水调开，可使汤汁浓稠。此外，用于油炸物拍粉时可增加脆感。用于上浆时，可使食物保持滑嫩。

◎ **小苏打粉**。以适量小苏打粉腌浸肉类，可使肉质较松，口感滑嫩。

◎ **豆豉**。干豆豉使用前用水泡软，再切碎使用。湿豆豉可以直接使用。

香辛料

◎ **葱**。常用于炝锅，可增香、去腥。

◎ **姜**。可以去腥、除臭，并增添菜肴风味。

青椒、红椒不仅可以作为烹调材料，还可作为烹调调料使用。

◎ **大蒜**。常用于炝锅，可切片或剁碎使用。

◎ **辣椒**。增加菜肴辣味，使成菜色彩鲜艳。

◎ **花椒**。多用来制作红烧菜及卤菜。花椒炒香后磨成的粉末即为花椒粉，若加入炒黄的盐则成为花椒盐（常用于蘸食）。

◎ **胡椒**。辛辣中带有芳香，可去腥及增加香味。白胡椒较温和，黑胡椒则味道较重。

◎ **大料**。又称大茴香、八角，常用于红烧菜及卤菜。香气极浓，宜酌量使用。

◎ **干红辣椒**。宜先将籽去除。油爆炒时需注意火候，不宜炒焦。

◎ **洋葱**。切碎爆香时应注意火候，若炒焦则会有苦味。

◎ **五香粉**。包含桂皮、大茴香、花椒、丁香、甘香、陈皮等料，味道浓烈，宜酌量使用。

使用调料时的注意事项

◎ **用量适当**。所用的调味品及其用量必须适当，特别是在调制复合味时，要注意各种味道的主次。

◎ **保持风味特色**。炒菜时，必须按照菜肴的味型要求进行调味，不能随意调味，以免影响菜肴的口味。

◎ **根据季节调节色泽和口味**。人们的口味随着季节的变化会有所不同，如春季人们喜欢多食新鲜的蔬菜；天气炎热的夏季人们喜欢吃口味比较清爽的菜肴；在寒冷的冬季里则喜欢吃浓厚肥美的菜肴。调味时，可在保持食材风味特色的前提下，根据季节的变化灵活调配。

当材料、调料选好，进行初步的择洗、处理之后，现在要做的就是最后一步烹炒了。古语云："十年寒窗无人问，一举成名天下知。"炒菜和这个道理也是一样的，是否能做出一道色、香、味俱全，营养丰富的菜肴，必须通过最后一步来实践。那么，关于炒菜过程中的一些常识、技巧，就必须有所了解。

七大炒法，炒出不同风味

炒分为生炒、熟炒、滑炒、清炒、干炒、爆炒、熘。炒字前面所冠之字，就是各种炒法的基本特点。

◎ **生炒**。生炒的基本特点是，不论是植物性的材料还是动物性的材料必须是生的，而且不挂糊、不上浆，直接将生材料放于油锅中烹炒。

◎ **熟炒**。熟炒是材料必须先经过汆烫等方法制熟，再改刀成片、丝、丁、条等形状，而后进行炒制。熟炒的调料多用甜面酱、黄酱、豆腐乳、辣豆瓣酱等。熟炒的主食材一般片要厚，丝要粗，丁要大。

◎ **滑炒**。滑炒所用的主料是生的，多选用去皮、拆骨、剥壳的动物类材料，切成丝、丁、粒或薄片等形状。而且必须先用蛋清、淀粉将材料上浆，经过滑油处理后与配料同炒，勾芡出锅。需要注意的是，在滑油时要防止材料粘连、脱浆。

◎ **清炒**。清炒只有主料没有配料，操作方法与滑炒基本相似，但不需要上浆。要领是：材料必须新鲜，切得要整齐，不用芡汁。清炒一般适用于虾仁、肉丝等食材。

◎ **干炒**。干炒又称干煸，就是炒干主料中的水分，使主料干香、酥脆，适于烹制新鲜的蔬菜和柔嫩的植物类材料。干炒和生炒的相似点是材料都是生的，不上浆，但干炒的时间要长些。

◎ **爆炒**。爆炒是指将材料汆烫、滑油或油炸之后，使用适量的油，在大火热油锅中快速加热完成。爆炒可以细分为葱爆、油爆和酱爆等，制作方法大致相同，都能较大程度地呈现出材料原有的脆嫩口感。

◎ **熘**。熘是指将材料经过滑油或汆烫后，放入调好的味汁中翻炒或将炒制好的味汁浇淋于材料表面的一种烹调方法，又可细分为脆熘、滑熘、软熘、醋熘、糟熘等。一般适用于质地脆嫩的材料的烹炒。

走出误区，把锅彻底洗干净

所谓“工欲善其事，必先利其器”，要炒出一道好菜，首先要有一口干净的锅。

然而，很多人却总是将注意力集中在锅的中心，却忽略了锅的边缘。因为很容易给人造成这样一种错觉：锅底是菜的集中地，所以锅底会比较脏。

事实上，锅的边缘要比锅的中心脏。因为锅沿翘起，火苗上窜，很容易将锅沿炒黑，积存黑色杂质，这些杂质混合在菜里，便是影响健康的潜在威胁，同时也会影响菜的口感和色泽。因此，在洗锅的时候，一定要将锅的边缘洗净，这样才能保证菜的卫生、营养和美观。

掌控火候

火，是炒菜的主要手段，要想炒出一道好菜，必须要了解火，掌控火。火的大小称之为火候，认识火，就是要辨别火候的大小；掌控火，就是要懂得调节火候，将火候的大小看在眼里，放在心里，用在手里。

依照习惯而言，可将火候的大小大致分为4类，它们分别是大火、中火、小火和微火。

炒菜前，材料是否切得整齐，大小、粗细是否均匀，对成菜的口感具有非常重要的影响。

◎ **大火。**大火又称为旺火、急火或武火，火焰高而安定，呈蓝白色、热量逼人，火柱会伸出锅边。适合快速的爆炒、生炒、滑炒等烹调方式，可保留材料的新鲜口感。

◎ **中火。**中火又称之为文武火或慢火，火力大小介于大火和小火之间，火焰较低，呈蓝红色，火柱会稍伸出锅边，且不安定。一般适用于烹煮浆汁较多的菜，易使食物入味，也适合用来熟炒食物。

◎ **小火。**小火又称之为文火或温火，火焰较小，呈蓝橘色，发光度较小、热度较低，火柱不仅不会伸出锅边，而且还时高时低，一般适用于不宜煮烂或慢熟的菜，适合干炒、炒煮、煲汤等烹调方式。

◎ **微火。**微火又称之为烟火，火焰微弱，呈蓝色，颜色暗沉，一般只适合用来长时间的炖煮，以获得食物入口即化的效果。

把握油温

油温是将火候落实到炒菜中的关键步骤，与食物烹炒后的味道、口感密切相关。一般而言，要把握以下三种热度的油：

◎ **温油。**温油是指三、四成热的油，温度在70～100℃之间。油面平静，无油烟。放入葱段测试时，葱段会沉入锅底，且无油泡及爆裂声。适合熘以及材料加工后的煎、炸等烹调方式。

◎ **热油。**热油是指五、六成热，温度在110～170℃之间。会出现一些油烟，且油会由锅边向中心沸滚。放入葱段测试时，葱段会稍微浮起，有一些油泡和爆裂声。适合煸炒、炸等烹调方式，运用的范围比较广泛。

◎ **旺油。**旺油是指七、八成热的油，温度在180～220℃之间。会出现较大的油烟，但油面平静。放入葱段测试时，葱段会浮出油面，且有较多的油泡和较大的爆裂声。适合爆炒、油炸等烹调方式。

瞅准调味时机

◎ **加醋防氧化。**蔬菜炒好要出锅时，适当放一些醋，既可保色增味，又能减少食物中的维生素被破坏，如醋熘白菜等。烹调动物材料时也可以先放醋，可使材料中的钙被醋溶解得多一些，从而促进钙的吸收，如“糖醋排骨”等。

◎ **放盐是终极调味技巧。**炒菜时，放盐的时机有很大的学问。如果是用豆油、菜籽油炒菜，一般应在出锅前放盐，以减少蔬菜中维生素的损失；如果用花生油炒菜，应先放盐炸锅，然后再放菜，因为花生油中可能含有黄曲霉菌，盐中的碘化物能除掉这种有害物质；如果用动物油炒菜，可先放一半盐，以去除荤油中残留的有机氯农药，而后再加入另一半盐。为使炒出的菜更加可口，可先少量放盐，待菜将熟时再调味。

勾芡收汁保营养

勾芡，是指将调料和水淀粉一起调成味汁，在菜肴即将成熟时，放入味汁调味的一种烹调方式，常用于爆炒、熘等菜肴。勾芡可使汤汁浓稠，与菜肴充分融合，既可以避免营养素（如水溶性维生素）的流失，又可使菜肴的味道更加可口。

勾芡的方法

◎ **烹入法。**当菜即将成熟时，将调味的芡汁倒入锅中均匀翻炒，等到淀粉糊化后，芡汁已经包住材料，即可出锅。这种勾芡方式一般用于爆炒的菜肴中。

◎ **淋入法。**当菜肴即将成熟时，将芡汁缓缓倒入锅中，并一边淋入芡汁，一边晃动炒锅，淋完汁再轻轻推动，使芡汁分布均匀，当芡汁糊化后，即可出锅。这种勾芡方式一般用于炒、扒、烩等烹调方式。

◎ **粘裹法。**将调味品、淀粉汁和适量水一起下锅，加热至汤汁浓郁时，将已经过油锅的材料一起下锅，迅速翻匀，使芡汁均匀地裹粘在材料上即可。这种勾芡方式一般用于熘、煎、烤等烹调方式。

勾芡的原则

勾芡必须在菜肴将熟的时候进行，过早或过晚都会影响菜的口感和味道。

勾芡后要尽快起锅。勾芡后，见芡汁糊化即可，并尽快将菜起锅，不能将菜放在锅中长时间烹煮，否则会使菜变老影响口感，甚至过于糊化而无法食用。同时，芡汁的过度糊化也会给洗锅带来麻烦。

根据不同的烹调方式和火候大小来调节芡汁的浓度。芡汁的浓度要依照食物的多少，以及烹调方式和火候的大小来设定，如果芡汁过浓，则可加水稀释；如果芡汁过稀，则要加适量的淀粉调整。

如果使用单一的淀粉进行勾芡，必须在所有调料下锅之后才能倒入芡汁，否则会使调料无法入味，从而影响菜的味道。

勾芡要均匀。无论是采用何种勾芡的方法， 都需要保证勾芡均匀，所以在芡汁入锅之后，需要配合翻炒、晃锅、推搅等方式，使芡汁均匀分布。

烹调中还有明油芡的做法，即在菜肴成熟时勾好芡以后，再淋入各种不同的调味油，使之溶合于芡内或附着于芡上，对菜肴起增香、提鲜、上色、发亮作用。使用时两者要结合好，要根据菜肴的口味和色泽要求，淋入不同颜色的食用油，如：鸡油（黄色）、辣椒油（红色）、香油、花椒油等。

第二章
家常炒菜
爱上家的味道
“山珍海味千般好，不及家常炒菜香。”炒菜，不靓丽，不叫嚣，只是将食物拨散，收拢，再拨散，重复操作，使之味美、脆嫩。使人在不经意间起了眷恋，恋上家的味道。

白菜

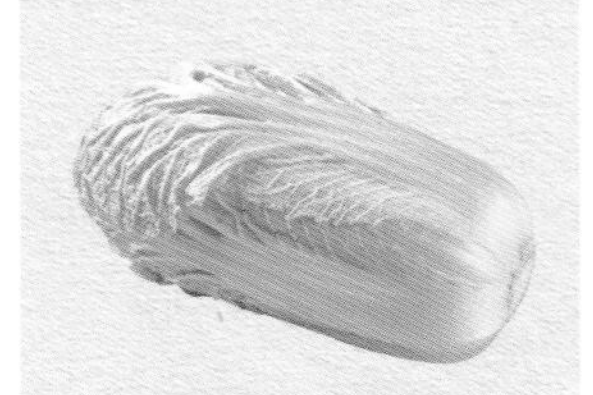

营养功效

◎护肤养颜：白菜中含有丰富的维生素，多吃白菜有护肤和养颜功效。

◎预防肠癌：白菜含有丰富的膳食纤维，不但能起到润肠、促进排毒的作用，也有良好的预防肠癌作用。

宜忌人群

✔燥热体质者宜食。

✖腹泻及寒痢患者忌食。

✖过敏或虚寒体质者忌食。

酸辣白菜

材料 白菜半棵，干辣椒2个，姜1小块。

调料 盐、醋各1大匙，高汤1大碗，白糖、料酒各1小匙，鸡精少许。

做法 ❶将白菜菜叶剥下，切下梗部再切片，汆烫20秒；干辣椒切段；姜切成片，备用。

❷油锅烧热，下干辣椒、姜片爆香，再放入白菜梗，加调味料炒匀，即可盛出。

酸白菜炒回锅肉

材料 酸白菜、熟五花肉片各250克，青椒片、蒜片、葱段各10克，香菜少许。

调料 盐少许，酱油、白糖、水淀粉、醋各适量。

做法 ❶酸白菜切片，略洗，捞出沥干，备用。

❷油锅烧热，放入蒜片、葱段、青椒片爆炒，再下入熟五花肉片、酸白菜片翻炒，加入所有调料、香菜炒匀，装盘即可。

红油香菇油菜

材料 油菜250克，鲜香菇200克，蒜末少许。

调料 盐1小匙，味精半小匙，红油1大匙，酱油、鸡精、水淀粉、香油各适量。

做法 ❶油菜冲洗干净，一切为二；香菇洗净。

❷油菜和香菇分别入沸水汆烫，捞出沥干。

❸油锅烧热，爆香蒜末，放入油菜、香菇翻炒，加盐、味精、红油、酱油、鸡精快速炒匀入味。最后用水淀粉勾薄芡，淋香油即可。

蟹粉小油菜

材料 小油菜300克，蟹粉适量，姜末、蟹黄各少许。

调料 盐、白糖、醋、料酒各适量。

做法 ❶将小油菜洗净，入油锅中清炒，加盐调味，摆入盘子中间。

❷锅内留底油，下姜末炒香，加入蟹粉翻炒，再加盐、白糖、醋、料酒调味，出锅盛在小油菜上，撒蟹黄点缀即可。

油菜

营养功效

◎补肝润肤：油菜中含有大量的胡萝卜素和维生素C，对强化肝脏及美化肌肤非常有效。

◎清肺止咳、生津润燥：油菜含有丰富的营养，既可清肺止咳，又能生津润燥、清热解毒，补益功效显著。

宜忌人群

✔产后瘀血腹痛的女性宜食。

✔丹毒、肿痛脓疮患者宜食。

✘小儿麻疹者忌食。

✘狐臭患者忌食。

✘脚气患者忌食。

韭菜

营养功效

◎补肾壮阳：韭菜具有补肾壮阳的作用，可用于缓解和改善阳痿、遗精等症。

◎行气活血：韭菜的辛辣气味有散瘀活血、行气导滞的作用，适用于跌打损伤、反胃、肠炎、吐血、胸痛等症。

宜忌人群

- 阳气衰弱的男性宜食。
- 寒性体质者宜食。
- 眼疾患者忌食。
- 体质偏热者忌食。

肉末韭菜香干

材料 韭菜200克，香干100克，猪肉馅50克，干辣椒段少许。

调料 盐少许，酱油、味精各适量。

做法 ❶韭菜择去老叶，冲洗干净，切段；香干洗净后切条，备用。

❷油锅烧热，放入干辣椒段、猪肉馅煸炒，至肉馅微焦。加入少许酱油，放入香干条翻炒2分钟，加入韭菜段翻炒，放少许盐、味精调味即可。

韭菜炒羊肝

材料 韭菜300克，羊肝100克，葱、姜各适量，枸杞子少许。

调料 花椒粉、淀粉、酱油、味精、盐各适量。

做法 ❶将韭菜洗净，切成段；葱洗净，切成段；姜洗净，切细丝；羊肝洗净，切片，加酱油、淀粉拌匀。

❷油锅烧至七成热时，倒入羊肝片，炒至变色后，下韭菜段、葱段、姜丝、花椒粉、枸杞子炒熟后，加入盐、味精调味即可。

豆干炒菠菜

材料 菠菜250克，豆腐干200克，葱花、姜末各少许。

调料 盐、味精、料酒、香油、水淀粉各适量，高汤1小碗。

做法 ❶菠菜去根、叶，留梗洗净，切段，氽水。

❷豆腐干洗净沥干，切丝。

❸油锅烧热，下葱花、姜末爆香，再加入菠菜段、豆腐干丝，大火快炒几下，加入料酒、高汤稍煮，调入盐、味精，用水淀粉勾薄芡，淋入香油，收汁即可。

鲜蘑菇炒菠菜

材料 菠菜300克，鲜蘑菇150克。

调料 盐、香油各适量，姜汁1小匙。

做法 ❶菠菜择洗干净，切段。

❷鲜蘑菇洗净，入沸水氽烫至断生，捞出过凉，切片。

❸油锅烧热，放入鲜蘑菇片翻炒约半分钟，再加入菠菜段一起炒匀，烹入盐、姜汁炒至菠菜熟，淋入香油，出锅即可。

菠菜

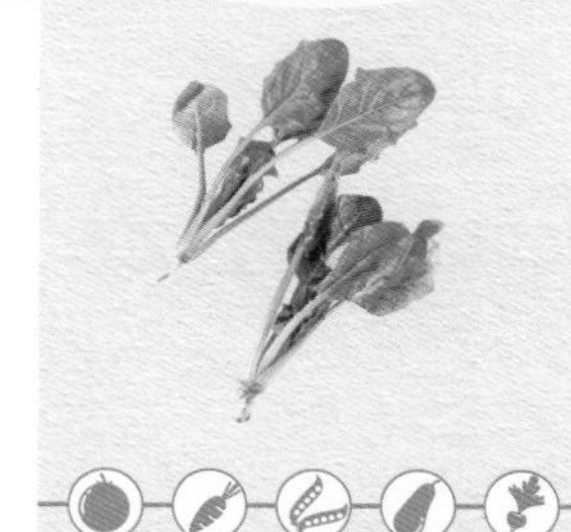

营养功效

◎维护视力：菠菜中所含的胡萝卜素在人体内能转变成维生素A，能保护视力。

◎抗衰老，预防阿尔茨海默病：菠菜中所含的核酸可起到延缓皱纹产生和皮肤松弛的作用，并能防止大脑的老化，同时对阿尔茨海默病的发生有一定预防作用。

宜忌人群

✓电脑族、长期接触电磁辐射者宜食。

✓高血压、糖尿病患者宜食。

✗胃肠虚寒、腹泻者忌食。

黄花菜

营养功效

◎健脑，增强记忆力：黄花菜含有丰富的卵磷脂，而卵磷脂是大脑细胞的组成成分，对注意力不集中、记忆力减退、脑动脉阻塞等症状有较好的改善作用。

◎利尿消肿：黄花菜的花、根等煮食，可利尿水消肿。

◎注意：新鲜黄花菜有毒，不能直接食用。

宜忌人群

- ✓ 高血压者宜食。
- ✓ 便秘患者宜食。
- ✓ 产妇宜食。
- ✓ 失眠、脑力劳动者宜食。
- ✗ 消化不良者忌食。

素什锦

材料 干黄花菜50克，黑木耳50克，香菇块、腐竹段各适量，葱花、姜末各少许。

调料 盐、糖、酱油、醪糟各适量。

做法 ❶黄花菜、黑木耳、香菇、腐竹分别泡发洗净，香菇、黑木耳撕成小朵，腐竹切段。

❷油锅烧热，下葱花、姜末爆香，把做法❶中的材料倒入锅里翻炒，加所有调料和适量水，烧熟即可。

三丝黄花菜

材料 干黄花菜、胡萝卜丝各100克，水发香菇、熟冬笋丝各50克。

调料 盐1小匙，白糖1大匙，味精少许，料酒、香油各2大匙，水淀粉少许。

做法 ❶干黄花菜泡发，剪去老根，洗净，沥干；水发香菇去根蒂，洗净切丝。

❷油锅烧至七成热，投入所有材料，拌炒几下，加入料酒、白糖、盐、味精炒熟，用水淀粉勾芡，淋上香油，即可。

花生仁炒圆白菜

材料 圆白菜1棵，花生仁50克，葱花、姜末各适量。

调料 盐、香油各适量。

做法 ❶圆白菜洗净，沥干，切片；花生仁煮熟。

❷油锅烧热，下葱花、姜末爆香，圆白菜片、花生仁入锅翻炒至七分熟，加盐调味，继续翻炒至熟，淋入香油即可。

鲜蘑炒圆白菜

材料 圆白菜1棵，鲜蘑菇150克，葱段、姜片各适量。

调料 盐、味精、白糖、高汤、料酒、香油各适量。

做法 ❶圆白菜洗净，切片；鲜蘑菇洗净，去蒂，切片，备用。

❷油锅烧热，下葱段、姜片爆香，放入圆白菜片，快速翻炒片刻，加入蘑菇片炒匀，加入料酒、高汤、白糖、盐翻炒几下，调入味精，淋入香油，装盘即可。

圆白菜

营养功效

◎强身健体、防病抗病：圆白菜富含维生素及微量元素等，可增强机体免疫力，起到强身健体的作用。

◎防治胃溃疡、防便秘：圆白菜是胃溃疡患者的有效食品，它含有某种“溃疡愈合因子”，对胃溃疡有很好的治疗作用，常吃圆白菜，还能预防便秘。

宜忌人群

✔ 胃及十二指肠溃疡患者宜食。

✔ 糖尿病患者宜食。

✔ 容易骨折的老年人宜食。

✘ 脾胃虚寒者忌食。

芹菜

营养功效

◎降血压：芹菜含酸性的降压成分，可使血管扩张，能对抗尼古丁、山梗茶碱引起的升压反应，从而降低血压。

◎安神，消除烦躁：从芹菜籽中分离出的一种碱性成分，有利于安定情绪，消除烦躁。

宜忌人群

✔头晕失眠者宜食。

✖脾胃虚寒、大便溏薄者忌食。

✖血压低者忌食。

✖备孕男性及不孕者忌食。

芹菜炒杏仁

材料 芹菜200克，杏仁100克，胡萝卜50克，煮熟的玉米粒适量。

调料 盐、味精、蒜蓉汁、高汤各少许。

做法 ❶芹菜撕去筋后，切小粒，入沸水氽烫后捞出，立刻过凉；胡萝卜洗净，切丁。

❷油锅烧热，爆香蒜蓉汁，放入杏仁，炒至稍泛黄色时加入芹菜粒、胡萝卜丁、玉米粒翻炒。加少许高汤，下盐、味精调味，炒匀即可。

西红柿香芹

材料 香芹300克，西红柿200克，葱、枸杞子各少许。

调料 盐、味精、鸡精、番茄酱、香油、白糖各适量。

做法 ❶香芹择洗干净，切成丝；西红柿洗净，切片备用；葱洗净，切成花。

❷净锅上火，加油烧热，下葱花爆香，放入西红柿片煸炒，下入香芹丝炒至八成熟，调入盐、鸡精、白糖、枸杞子、番茄酱、味精，大火迅速炒至成熟。淋香油，装盘即可。

芹菜香菇素炒

材料 芹菜条250克，鲜香菇条120克，黄瓜半根，小西红柿5个，胡萝卜条、红椒条各适量。

调料 盐、香菇精、香油各1大匙。

做法 ❶黄瓜洗净，切圆薄片，铺于盘底。

❷油锅烧热，将芹菜条、香菇条、胡萝卜条、红椒条分别放入锅中滑油，捞出控油。

❸锅内留少量油烧热，将所有材料回锅，加入调料炒匀，倒在黄瓜片上，周围点缀小西红柿即可。

木耳炒芹菜

材料 鲜黑木耳100克，芹菜50克，红椒1个，蒜末少许。

调料 盐、味精、白糖、水淀粉各适量。

做法 ❶水发黑木耳洗净，撕成块；芹菜去皮，切条；红椒切条备用。

❷将黑木耳块、芹菜条入沸水氽烫，捞出沥干。

❸油锅烧热，放入蒜末、红椒条煸炒，再加入木耳块、芹菜条翻炒。调入盐、味精、白糖，用中火炒透入味，再用水淀粉勾芡即可。

芹菜炒百合

材料 芹菜300克，鲜百合50克，枸杞子少许。

调料 盐、味精、水淀粉各1小匙，白糖少许。

做法 ❶将芹菜去皮、洗净，切成段；百合去黑根，洗净，掰成小瓣。

❷锅置火上，加入适量清水，放入少许盐、味精、油烧沸，下入芹菜段、百合煮透，捞出沥干。

❸油锅烧热，先放入芹菜段、百合、枸杞子略炒，再调入剩余的盐、味精、白糖翻炒均匀，最后用水淀粉勾芡即可。

茄子

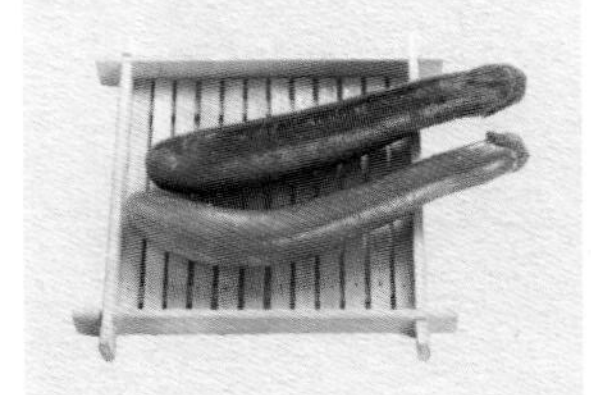

营养功效

◎防治胃癌：茄子能抑制消化系统肿瘤的生长，对于防治胃癌有一定效果。

◎预防各种出血症：茄子富含芦丁，可改善微细血管脆性，对咯血、紫癜（皮下出血、瘀血）等均有改善作用。

宜忌人群

✔心脑血管疾病患者宜食。

✖脾胃虚寒、消化不良者忌食。

✖哮喘、肺结核患者忌食。

✖皮肤病、关节炎患者忌食。

西红柿炒茄子

材料 长条茄子2根，西红柿1个，葱丝、姜丝、大蒜各适量。

调料 盐、味精、料酒、酱油、胡椒粉、白糖各适量。

做法 ❶茄子洗净，切滚刀块；西红柿洗净，切块。

❷油锅烧热，放入茄子块，炸至金黄色捞出沥油。

❸锅内留少许油烧热，放入葱丝、姜丝、蒜爆香，将茄子块、西红柿块放入翻炒，之后放入所有调料以及适量清水将茄子烧熟即可。

蒜片茄块

材料 茄子500克，蒜片10克，葱花少许。

调料 盐、白糖各适量，豆瓣酱1大匙。

做法 ❶茄子去皮、蒂，切成滚刀块，放入清水中泡5分钟，捞出，沥干。

❷炒锅置火上，倒入适量的油烧热，放入茄子块，炒至呈金黄色，盛出备用。

❸另起油锅烧热，大火爆香豆瓣酱、白糖，将茄子倒入，炒至软烂入味后，放入蒜片、葱花、盐炒匀即可。

豆豉炒茄片

材料 长茄子、青尖椒、红尖椒、蒜末各适量。

调料 盐、白糖、味精、豆豉各适量。

做法 ❶茄子洗净，去蒂，切片；青尖椒、红尖椒分别洗净，均切圈。

❷锅置火上，倒油烧热，入蒜末煸香，先加入豆豉、茄子片、青尖椒圈翻炒至熟，再加盐、白糖、味精调味即可。

酱香茄条

材料 茄子500克，猪瘦肉100克，葱花适量。

调料 白糖、料酒、味精各少许，水淀粉、豆瓣酱各适量。

做法 ❶将茄子去皮，洗净，切成5厘米长的条；猪瘦肉洗净，切丝。

❷油锅烧至六成热，倒入茄子，炸干水分，连油倒入漏勺，沥去油。

❸锅留底油，下肉丝炒散，放入豆瓣酱，炒出红油时，下茄子炒匀，放料酒、白糖、味精调味，水淀粉勾芡，撒葱花即可。

酱爆红油茄丁

材料 猪瘦肉丁200克，茄子2个（切丁），鸡蛋1个，葱花、蒜片、红椒圈各少许。

调料 盐、味精、花椒、高汤、水淀粉各适量，黄豆酱、料酒各1大匙。

做法 ❶瘦肉加盐、味精拌匀，上全蛋浆，下温油滑散滑透，倒漏勺中；茄丁炸透，捞出沥油。

❷原锅留底油炒香葱花、蒜片、花椒粉，入料酒、黄豆酱、茄丁、肉丁、盐、味精、高汤、红椒圈，用水淀粉勾芡即可。

豌豆炒茄丁

材料 圆茄子1个，虾仁、熟豌豆各30克，红椒、蒜末、葱末、姜末各适量。

调料 盐、酱油、味精、料酒、干淀粉各适量。

做法 ❶将茄子去皮，切丁，入热油中稍炸，捞出沥油；将虾仁加盐、料酒、干淀粉腌渍上浆，入沸水中氽烫至熟，捞出沥干；将红椒切菱形片。

❷锅内留底油爆香葱末、蒜末、姜末，下入茄丁、豌豆、红椒片翻炒，加酱油、盐、味精调味，出锅装盘，点缀虾仁即可。

香煸茄条

材料 圆茄子1个，红椒粒、葱、姜、蒜末各10克。

调料 盐、味精、酱油、料酒、高汤、干淀粉、水淀粉、豆瓣酱各适量。

做法 ❶茄子洗净，去蒂，削皮，切条，均匀地挂上干淀粉上浆，入油锅炸至黄色捞出。

❷锅中留油，继续加热，下葱末、姜末、蒜末、豆瓣酱爆香，调入料酒、酱油、盐、高汤，煮开，放入茄条翻炒，加入味精，用水淀粉勾芡即可。

豆芽炒茄子

材料 茄子250克，黄豆芽150克，猪五花肉50克，香菜段适量，葱末、姜末、蒜末各少许。

调料 盐、味精、酱油、大料、高汤、香油各适量。

做法 ❶茄子洗净，切条；黄豆芽洗净，沥干；五花肉洗净，切丁。

❷油锅烧热，下大料、葱末、姜末、蒜末爆香，放入五花肉丁翻炒，加酱油调色。再放茄子条、黄豆芽炒匀，加高汤、盐，小火烧开，调入味精，撒上香菜段，淋入香油即成。

火腿木耳炒黄瓜

材料 黄瓜条350克，火腿条100克，干黑木耳10克，蒜片适量。

调料 盐、味精、酱油、香油各适量。

做法 ❶将干黑木耳用凉水泡发，捞起洗净，切条。

❷油锅烧热，下蒜片爆香，放入黑木耳条、火腿条、黄瓜条煸炒至九分熟，调入酱油、盐，快速翻炒。

❸调入味精，淋上香油，装盘即可。

爽口黄瓜

材料 黄瓜500克，猪肉末50克，干辣椒段适量。

调料 盐、味精、料酒、酱油、香油各适量。

做法 ❶黄瓜洗净，剖成4瓣，去掉内瓤，加盐腌渍拌匀，待吐水后取出洗净，切成1厘米见方的丁，备用。

❷起锅热油，烧至五成热，放入干辣椒段、猪肉末一起煸炒片刻，加入料酒、酱油炒香，下黄瓜丁、盐、味精、香油炒匀，装盘即可。

黄瓜

营养功效

◎抗衰老，美容润肤：黄瓜中含丰富的维生素E，可起到抗衰老的作用；用黄瓜汁涂擦皮肤，有润肤、舒展皱纹的功效。

◎减肥消脂：鲜黄瓜中含有丙醇二酸，可抑制糖类物质转变为脂肪，是很好的减肥食品。

宜忌人群

✔糖尿病、高血压、高血脂、肥胖症患者宜食。

✘脾胃虚弱、腹痛腹泻者忌食。

✘肺寒咳嗽者忌食。

✘痛经者忌食。

丝瓜

营养功效

◎预防各种维生素C缺乏症：丝瓜中维生素C含量较高，可用于坏血病及预防各种维生素C缺乏症。

◎清热化痰：夏季食用丝瓜可祛暑生津，平时常食可预防和缓解痰喘咳嗽、痈疮疖肿等症。

宜忌人群

✔月经不调、产后乳汁不通者宜食。

✔身体疲乏、痰喘咳嗽者宜食。

✖体质虚弱及腹泻者忌食。

✖胃下垂、直肠脱垂患者忌食。

白果丝瓜

材料 丝瓜350克，白果30粒，小西红柿1个。

调料 盐、味精各适量。

做法 ❶白果用清水浸泡2小时，捞出沥干备用；丝瓜去皮，切滚刀块备用。

❷锅内放油烧热，加入丝瓜块翻炒。再加入白果、盐、少许清水，盖上盖子煮3分钟至熟。

❸最后放入味精，翻炒均匀后放上小西红柿点缀即可。

西红柿炒丝瓜

材料 丝瓜250克，西红柿150克，葱花少许。

调料 盐、味精、白糖、番茄酱、香油各适量。

做法 ❶丝瓜去皮，洗净，切条；西红柿洗净，切条，备用。

❷油锅烧热，下葱花爆香，放入西红柿条煸炒片刻，再放入丝瓜条一起炒匀，加白糖、盐、番茄酱炒至熟，调入味精，淋香油，装盘即可。

西红柿炒豆腐

材料 小西红柿250克，豆腐150克。

调料 盐、味精、白糖、酱油各适量。

做法 ❶小西红柿洗净，放入沸水中烫一下，去皮，去蒂，对半切片。

❷豆腐洗净沥干，切块。

❸油锅烧热，放入小西红柿翻炒片刻，加豆腐同炒，调入白糖、盐、酱油，出锅前加入味精即可。

木耳炒西红柿

材料 西红柿300克，水发黑木耳150克，葱片少许。

调料 盐、酱油、味精、胡椒粉各适量。

做法 ❶西红柿洗净切成块，备用。

❷水发黑木耳洗净，氽烫至断生后捞出过凉，撕小片。

❸油锅烧热，下入葱片爆香，加西红柿块、黑木耳片翻炒均匀，待西红柿炒至变色时，加盐、胡椒粉、酱油调味，出锅时放入味精，装盘即可。

西红柿

营养功效

◎降压，利尿排钠：西红柿含有钾及碱性无机盐，能促进血液中钠盐的排出，有降压、利尿、消肿的作用。

◎帮助消化，润肠通便：西红柿富含苹果酸、柠檬酸等有机酸，能促进胃液分泌，有助消化、润肠通便的作用。

宜忌人群

✔高血压、肾脏病、心脏病及肝炎患者宜食。

✘经期女性忌食。

✘急性肠炎、溃疡活动期患者忌食。

尖椒

营养功效

◎开胃消食，改善食欲：在菜里放上一些尖椒，能让整道菜鲜辣爽口，从而改善食欲，增加饭量。

◎瘦身：尖椒含一种特殊物质，能加速新陈代谢，可达到燃烧体内脂肪的效果，从而起到减肥作用。

宜忌人群

- 老少皆宜。
- 咳喘患者忌食。
- 咽喉肿痛者忌食。
- 食管炎患者忌食。
- 痔疮患者忌食。
- 溃疡患者忌食。

三色小炒

材料 青尖椒50克，香菜50克，洋葱、火腿肠各少许。

调料 盐1小匙，醋、白糖各适量。

做法 ❶青尖椒洗净，切丝；香菜切段；洋葱、火腿肠分别洗净，切丝。

❷油锅烧热，先放入洋葱丝和火腿肠丝，炒出香味以后，倒入青尖椒丝，加盐、醋、白糖炒匀，加入香菜段，迅速翻炒，出锅即成。

虎皮尖椒

材料 青尖椒250克，猪肉末50克，姜末适量。

调料 A.盐、酱油、白糖、味精、料酒各1小匙，香醋2小匙；B.葱油适量。

做法 ❶青尖椒洗净，去蒂及籽，剖成两半；将调料A均匀兑成味汁。

❷油锅烧热，放入青尖椒，煎至外皮泛白时捞出。

❸锅留底油烧热，炒香肉末、姜末，放入青尖椒，烹入味汁，翻炒均匀后装盘，淋葱油即可。

香菇洋葱炒西蓝花

材料 西蓝花200克，洋葱片、香菇、荷兰豆各80克，蒜末适量。

调料 白糖1小匙，盐、香油各适量。

做法 ❶西蓝花、香菇分别洗净，切小块；荷兰豆洗净，去蒂及两侧粗纤维，切成段。

❷油锅烧热，爆香蒜末，放入西蓝花块、香菇块、洋葱片，一起翻炒至熟，最后放入荷兰豆段，快速拌炒。加入白糖和盐，淋上香油即可。

西蓝花炒木耳

材料 西蓝花300克，水发黑木耳200克，葱末、姜末、蒜末各适量。

调料 盐、鸡精各适量。

做法 ❶水发黑木耳洗净，撕小朵；西蓝花洗净，切小块。

❷将准备好的黑木耳和西蓝花分别放入沸水中汆烫，捞出沥干水分。

❸油锅烧热，将葱末、姜末、蒜末煸香，放入汆烫好的西蓝花和黑木耳，加盐、鸡精调味，翻炒均匀即可。

西蓝花

营养功效

◎延缓皮肤衰老：西蓝花所含的维生素A能使皮肤保持弹性，并增强皮肤抗损伤能力，可延缓皮肤衰老，有较强的美容作用。

◎降血糖：西蓝花含有大量的膳食纤维，能有效降低肠胃对葡萄糖的吸收，进而延缓餐后血糖上升，对糖尿病患者有益处。

宜忌人群

✓维生素K缺乏者宜长期食用。

✓耳鸣健忘、脾胃虚弱者宜食。

✗肾结石患者忌食。

豆角

营养功效

◎防癌抗癌：四季豆种子可激活肿瘤病人淋巴细胞，使其体内产生免疫抗体，对癌细胞有一定的杀伤与抑制作用。

◎促进消化，降低胆固醇：四季豆中的膳食纤维能够促进胃肠道蠕动，促进糖类代谢和胆固醇排泄，帮助消化。

宜忌人群

- ✔白带较多者宜食。
- ✔皮肤瘙痒、食欲不振者宜食。
- ✔急性肠胃炎患者宜食。
- ✖腹胀者忌食。

肉末豇豆

材料 豇豆300克，猪肉末50克，红椒1个，葱末、姜末各适量。

调料 盐、料酒、白糖、鸡精各适量。

做法 ❶豇豆洗净，切小段；红椒洗净，切小丁。

❷锅置火上倒油烧热，爆香葱末、姜末，下入肉末翻炒至色白，加入豇豆段、红椒丁煸炒成熟，加盐、料酒、白糖、鸡精调味即可。

四季豆炒萝卜干

材料 四季豆100克，萝卜干80克，红椒、蒜末各适量。

调料 盐、鸡精各适量。

做法 ❶四季豆清洗干净，切斜段。

❷萝卜干清洗干净，切斜段；红椒洗净后切斜片。

❸锅置火上倒油烧热，加入蒜末爆香，再下入四季豆段、萝卜干段、红椒片翻炒至熟，最后调入适量的盐、鸡精即可装盘。

干煸四季豆

材料 四季豆200克，猪肉末、海米各50克，干辣椒、冬菜、姜末、蒜末各适量。

调料 盐、味精、糖、酱油、香油各适量。

做法 ❶四季豆择洗干净，切成长段，入油锅过油，捞出。
❷虾米、冬菜均洗净，切成末。
❸锅内留油烧热，下肉末煸炒，放入虾米、冬菜末、姜末、蒜末和四季豆，中火干煸片刻，加调料炒匀，淋香油即可。

熏肉四季豆

材料 熏肉、四季豆各100克，水发黑木耳少许，大蒜6瓣，干辣椒1个。

调料 黑胡椒粉少许，鸡精半小匙，水淀粉适量，蚝油、香油1小匙。

做法 ❶四季豆切段、黑木耳撕成片，熏肉切片。
❷四季豆与黑木耳用沸水氽烫后取出。
❸用1大匙油爆香大蒜，加入熏肉炒至出油，加入四季豆、黑木耳与干辣椒快炒，并加入所有调料炒匀即可。

雪菜豇豆

材料 豇豆500克，猪肉末200克，红椒、雪菜末、葱花、姜末各适量。

调料 盐、白糖、香油、料酒、味精各适量。

做法 ❶豇豆去两头、老筋，洗净，切段；红椒洗净，切段。
❷油锅烧至六成热，放入葱花和姜末煸炒，再放入肉末和雪菜末炒至肉末变色时，放入豇豆段和红椒段，加入料酒、盐、白糖和味精，盖上锅盖焖至豇豆熟，淋上香油即可。

泡豇豆炒肉末

材料 泡豇豆200克，猪肉末50克，小青椒10克，干辣椒段少许。

调料 花椒、盐、红油、酱油、香油各适量。

做法 ❶泡豇豆、小青椒洗净，横切成“鱼眼形”。

❷肉末加少许盐腌渍，放入六成热油中炒去水分，加入酱油炒匀，放入碗中待用。

❸油锅烧至六成热，放入干辣椒段、花椒爆香后，倒入泡豇豆段、肉末翻炒，起锅淋上香油即可。

下厨小帖士

食用生豇豆或未炒熟的豇豆容易引起中毒。因此，一定要充分加热煮熟或炒熟，急火加热10分钟以上，就能保证豇豆熟透。

干煸豇豆

材料 豇豆400克，蒜片、干辣椒段适量。

调料 生抽、花椒、盐、味精各适量。

做法 ❶将豇豆两头撕去老筋，掰成小节，洗净沥干备用。

❷锅置火上倒油烧热，放入豇豆炸至豇豆表皮起皱，捞出沥油。

❸锅内留底油，爆香干辣椒段、花椒、蒜片，倒入生抽、豇豆翻炒，加盐、味精调味，炒至豇豆熟透即可。

豇豆炒肉丁

材料 豇豆250克，猪瘦肉丁15克，胡萝卜半根，蒜末1小匙。

调料 水淀粉、酱油、香油、盐、胡椒粉各少许。

做法 ❶猪瘦肉丁洗净，加水淀粉、酱油腌渍10分钟；豇豆洗净，切小段；胡萝卜洗净，切丁。

❷锅加油烧热，下入猪瘦肉丁翻炒片刻，盛出。

❸锅内留油，下入蒜末爆香，加豇豆段和胡萝卜丁翻炒，加盐和水焖至软，再加猪瘦肉丁拌匀，撒胡椒粉，淋入香油即可。

豇豆炒豆腐干

材料 腌渍豇豆100克，豆腐干50克，青、红尖椒30克，蒜末适量。

调料 盐、味精、辣椒酱、白醋、香油各适量。

做法 ❶豆腐干切丁；青、红尖椒去瓤，洗净切丁；腌渍豇豆洗净切丁。

❷豇豆丁入沸水氽烫至熟，捞出备用。

❸烧锅下油，加入蒜末、辣椒酱爆香，放入豆腐干丁、豇豆丁、尖椒丁，调入盐、味精、白醋爆炒至干香，淋入香油即可。

滑蛋豇豆

材料 新鲜豇豆250克，鸡蛋3个。

调料 盐、味精各适量。

做法 ❶豇豆洗净，切末，入沸水锅中氽烫断生，捞出沥干。

❷鸡蛋磕入碗中，打散，倒入豇豆末，加盐拌匀。

❸油锅烧热，倒入蛋液炒散，再放入豇豆丁翻炒，熟时调入味精、少许盐，装盘即可。

荷兰豆

营养功效

◎稳定血糖水平：荷兰豆中所含的营养成分，能促进体内糖和脂肪的代谢，维持胰岛素的正常功能，稳定血糖。

◎美肤抗衰：荷兰豆含有人体所需的氨基酸及植物凝集素等，经常食用能够抵抗衰老，护肤美容。

宜忌人群

✔一般人群均可食用，尤其适用于糖尿病、脚气病患者。

✖脾胃虚弱者忌食。

✖胀气、腹痛患者忌食。

✖痢疾患者忌食。

蚝油荷兰豆

材料 荷兰豆300克，泡发香菇8～10朵，红椒片少许，姜末、葱末各适量。

调料 蚝油、盐、料酒各1小匙，白糖、香油、味精、淀粉各适量。

做法 ❶荷兰豆洗净，油锅中稍微炒一下，盛出沥干油，备用。

❷蚝油烧热，放入荷兰豆、香菇煸炒，然后加入盐、料酒、白糖、味精、红椒片、葱、姜末翻炒，勾薄芡，淋入香油即可。

荷兰豆炒百合

材料 荷兰豆200克，鲜百合100克。

调料 盐、味精各少许。

做法 ❶将荷兰豆清洗干净；鲜百合去杂质，洗净后掰成小瓣，备用。

❷炒锅倒油烧至六成热，下入荷兰豆，用大火滑炒。

❸待荷兰豆入锅30秒后下入百合略炒，待荷兰豆略微变色时，放入盐、味精，翻炒几下即可。

青红椒土豆泥

材料 土豆350克，青椒、红椒各10克，葱花少许。

调料 盐、味精、鸡精、白糖各1小匙，鸡汁2大匙。

做法 ❶土豆去皮、洗净，放入蒸锅中蒸熟，取出后碾成泥状；青椒、红椒分别去蒂及籽，洗净后切成丁备用。

❷油锅烧热，先下入土豆泥略炒，再加入盐、味精、鸡精、白糖、鸡汁翻炒拌匀，然后放入青椒丁、红椒丁炒匀，撒上葱花即可。

青椒火腿土豆片

材料 土豆250克，青椒、熟火腿各100克，蒜片少许。

调料 盐少许，味精、酱油、香油、蚝油各适量，高汤1小碗。

做法 ❶土豆去皮洗净，切片；青椒去籽，洗净，切片；火腿切片。

❷油锅烧热，下蒜片爆香，放入土豆片煸炒至七分熟，再下入青椒片、火腿片翻炒均匀，调入盐、蚝油、酱油，倒入高汤，小火稍煮，放入味精、淋入香油即可。

土豆

营养功效

◎和中养胃，健脾利湿：土豆能补脾益气，缓急止痛，和中养胃。

◎补充营养，利水消肿：土豆含有丰富的维生素及钙、钾等矿物质，易于消化吸收，有利于肾炎水肿患者的康复。

宜忌人群

✔消化不良、胃病患者宜食。

✔心脏病患者、营养不良者宜食。

✔便秘、肠道疾病患者宜食。

✔脾胃虚寒者宜食。

✘糖尿病患者忌过量食用。

黄豆芽

营养功效

◎增强机体免疫功能：黄豆芽中含有一种干扰素诱生剂，可增强机体抗病能力，对多种病毒、肿瘤都有一定的抑制作用。

◎预防癫痫：黄豆芽中含有一种硝基磷酸酶，对癫痫可以起到一定的预防及改善作用。

宜忌人群

- 青少年及孕妇宜食。
- 便秘、癌症患者宜食。
- 高血压、高血脂患者宜食。
- 虚寒尿多者忌食。

雪菜肉丝炒豆芽

材料 黄豆芽、猪瘦肉丝各150克，雪菜100克，葱丝、姜丝各少许。

调料 酱油1大匙，鸡精1小匙，花椒面、料酒各半小匙，盐、味精各适量。

做法 ❶雪菜切段；黄豆芽汆烫后捞出沥干。

❷先用葱丝、姜丝、花椒面炝锅，再放入肉丝煸炒，烹入料酒，放入雪菜段炒透，加入酱油、鸡精、盐、味精及黄豆芽翻炒均匀，淋入明油即可。

咸鱼炒豆芽

材料 黄豆芽300克，咸鱼粒50克，猪瘦肉丁25克，姜末、蒜末、葱花各适量。

调料 料酒、鸡精、蒜蓉辣酱、鲜露、葱花各适量。

做法 ❶黄豆芽摘洗干净，沥干备用。

❷咸鱼粒、猪瘦肉丁、蒜末、姜末入锅炒香，放入黄豆芽、料酒翻炒，然后调入鸡精、蒜蓉辣酱旺火快炒，淋入鲜露勾芡，撒上葱花翻炒均匀即可。

锅巴黄瓜炒绿豆芽

材料 绿豆芽200克，锅巴150克，黄瓜50克，葱末、姜末各适量。

调料 盐、味精各适量。

做法 ❶绿豆芽洗净，入沸水汆烫，捞出，控干水分；黄瓜洗净，切丝；锅巴炸脆装盘备用。

❷净锅上火，倒油烧热，下葱末、姜末爆香，放入绿豆芽、黄瓜丝，调入盐、味精，最后撒上锅巴翻炒均匀，装盘即可。

豆芽炒腐皮

材料 绿豆芽、黄豆芽各100克，豆腐皮200克，香菜段、葱丝、姜丝各适量。

调料 盐少许，味精、香油各适量。

做法 ❶将绿豆芽、黄豆芽洗净，沥干水分；豆腐皮切成约4厘米长的丝。

❷净锅置火上，加入油烧热，放入葱丝、姜丝煸出香味，再放入豆腐皮、绿豆芽、黄豆芽翻炒至豆芽熟软，最后放香菜段、盐、味精、香油调味即可。

绿豆芽

营养功效

◎减肥消脂，美容：绿豆芽中含有丰富的水分、维生素C、膳食纤维等，能促进人体各种毒素的排泄，同时还能滋养肌肤，瘦身美容。

◎抗菌消炎防病患：绿豆芽中含有丰富的维生素B_2和维生素C，有抗菌消炎的作用，可预防和改善口腔溃疡等症。

宜忌人群

✔老年人、口腔疾病患者宜食。

✔心血管疾病患者宜食。

✔吸烟、酗酒者宜食。

✘腹泻患者忌食。

苦瓜

营养功效

◎降低血糖：苦瓜含有苦瓜苷和类似胰岛素的物质，具有良好的降血糖作用。

◎预防坏血病，保护心脏：苦瓜的维生素C含量高，具有预防坏血病、保护细胞膜、预防动脉粥样硬化、提高机体应激能力、保护心脏等作用。

宜忌人群

✔癌症、疮疖、急性痢疾患者宜食。

✔咽喉疼痛、脚气病患者宜食。

✘脾胃虚寒、腹泻者忌食。

✘体质虚弱者忌食。

苦瓜藕丝

材料 苦瓜300克，藕150克，红椒丝、南瓜丝各10克，姜丝适量。

调料 盐、味精、白醋、白糖各适量。

做法 ❶将苦瓜洗净去籽切丝；藕去皮，洗净切丝。

❷锅放水烧沸，倒入苦瓜丝、藕丝、红椒丝、南瓜丝，加些白醋，汆烫至断生。

❸油锅烧热后下姜丝炒香，再倒入藕丝、苦瓜丝、红椒丝、南瓜丝，加盐、味精、白糖，炒匀即成。

素炒苦瓜

材料 苦瓜2根，红椒、黄椒各适量。

调料 盐、味精各1小匙，白糖3小匙，香油少许。

做法 ❶先将苦瓜洗净，纵向一剖为二，去籽，切片；红椒、黄椒分别洗净，切丝。

❷烧热炒锅中的油，红椒丝、黄椒丝放入油锅内爆香，下入苦瓜片迅速翻炒，加入盐、白糖，炒约1分钟后，加入味精，翻炒半分钟熄火，淋上少量香油即可。

肉末苦瓜条

材料 苦瓜300克，猪肉末200克，红椒100克，芽菜50克，姜末、葱末各适量。

调料 盐、料酒、香油、鸡精、豆瓣酱、白糖、酱油各适量。

做法 ❶将苦瓜洗净、去籽，切成条，加入盐腌渍30分钟；红椒切成丝；芽菜切碎。

❷锅内倒油烧至四成热，放入肉末，加料酒、豆瓣酱、葱末、姜末炒匀，放入苦瓜条、芽菜末、红椒丝，加入白糖、酱油，淋上香油翻炒均匀即可。

木耳炒苦瓜

材料 苦瓜250克，水发黑木耳、洋葱各100克，水发枸杞子、蒜片各适量。

调料 盐、味精、白糖、香油各适量。

做法 ❶将苦瓜洗净，去籽，切片，用清水浸泡，捞起控净水分。

❷水发黑木耳、洋葱均切块备用。

❸锅置火上，放油烧热，下洋葱、蒜片炒香，放入苦瓜片煸炒，再下入黑木耳块、枸杞子调入盐、白糖、味精迅速翻炒均匀，淋上香油即可。

青椒炒苦瓜

材料 青椒100克，苦瓜200克，水发枸杞子、姜末、蒜末各适量。

调料 盐、鸡精、白糖、酱油、香油各适量。

做法 ❶将苦瓜用刀对剖开，去籽，切片，用凉水浸泡，捞起待用。

❷青椒洗净，切块。

❸油锅烧热，下姜末、蒜末爆香，倒入青椒块和苦瓜片煸炒至熟，调入盐、白糖、鸡精、酱油，迅速翻炒均匀。

❹淋上香油，装盘，撒枸杞子即可。

山药

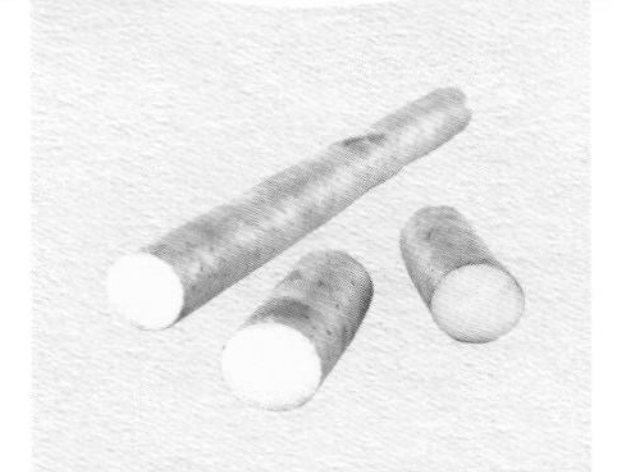

营养功效

◎降低血糖：山药含有丰富的黏液蛋白，有降低血糖的作用，是糖尿病患者的食疗佳品。

◎促进内分泌激素，改善体质：山药中的薯蓣皂被称为是天然的"激素之母"。它能促进内分泌激素的合成，改善体质。

宜忌人群

✔更年期女性、骨质疏松者宜食。

✔胆固醇偏高、糖尿病患者宜食。

✖肾功能差者忌食。

✖便秘者忌食。

皮蛋炒山药

材料 山药300克，皮蛋3个，姜末、葱花各2小匙，葱丝、红椒丝各少许。

调料 盐少许，味精适量。

做法 ❶山药去皮洗净，切成小丁，入笼蒸熟；皮蛋去壳，切成小丁。

❷油锅烧热，放入葱花、姜末炒香，加入山药丁、皮蛋丁、盐翻炒几下，加入味精炒匀，盛出，撒上葱丝、红椒丝点缀即可。

莴笋炒山药

材料 山药、莴笋各250克，胡萝卜50克。

调料 盐、鸡精各1小匙，胡椒粉、白醋各少许。

做法 ❶山药、莴笋、胡萝卜洗净去皮，切长条，汆烫后捞出沥干。

❷油锅烧热，放入山药、莴笋、胡萝卜炒至断生，再放入盐、胡椒粉炒匀，出锅前放入鸡精炒匀，烹入白醋调味即可。

爆炒山药肉片

材料 山药300克，猪肉片200克，蒜片、葱段、姜片各适量。

调料 花椒、八角、盐、酱油、醋、味精、香油各适量。

做法 ❶山药去皮，切片。
❷油锅烧热，爆香葱段、姜片、花椒、八角，加肉片翻炒，再加盐、酱油，炒熟盛出。
❸再起油锅，加蒜片爆香，加醋，烹出醋蒜香味，加山药片、肉片和盐翻炒；加味精，淋香油，装盘即成。

红椒炒山药

材料 山药半根，红椒半个，葱丝、姜丝各适量。

调料 高汤1大匙，白糖少许，盐、白醋、鸡精各适量。

做法 ❶山药去皮，洗净，切丝；红椒洗净，切丝；山药丝、红椒丝入沸水中汆烫，捞出备用。
❷油锅烧热，放入葱丝、姜丝炒香，再下山药丝和红椒丝翻炒5分钟。
❸加入高汤、白糖、盐、白醋、鸡精炒匀，装入盘中即可。

四季豆炒山药

材料 四季豆80克，山药1小段，荸荠4个，藕1小段，小西红柿3个，南瓜30克，葱花、姜丝各适量。

调料 盐、味精各适量。

做法 ❶所有蔬菜洗净，山药、荸荠、藕、南瓜去皮，切成片，小西红柿洗净，切开。
❷四季豆洗净，切段，放入沸水中汆烫至熟，捞出。
❸油锅烧热，用葱花、姜丝炝锅，放入各种处理好的蔬菜大火翻炒，用盐和味精调味即可。

西红柿木耳炒山药

材料 山药250克，西红柿100克，水发黑木耳50克，葱、姜、香菜段各适量。

调料 盐、味精、鸡精、白糖、醋、香油各适量。

做法 ❶黑木耳、西红柿洗净，均切成块。

❷山药去皮，洗净，切片，入凉水锅中，煮至微变透明时捞起，备用。

❸油锅烧热，爆香葱段、姜段，放西红柿块、黑木耳块煸炒，加山药片，调盐、味精、鸡精、醋、白糖，翻炒均匀，撒入香菜段，淋香油，装盘即可。

木耳炒山药

材料 山药300克，水发黑木耳50克，葱片、水发枸杞子各适量。

调料 盐、味精、酱油、醋各适量。

做法 ❶将山药去皮洗净，切成片；黑木耳择洗干净，切成小片。

❷山药片放入清水锅中，汆烫，捞出备用。

❸油锅烧热，下葱片爆香，放山药片和黑木耳片翻炒，然后加入盐、醋、酱油、味精调味，翻炒均匀，装盘，撒枸杞子即可。

四色山药粒

材料 山药200克，玉米粒150克，豌豆50克，红椒1个。

调料 盐、味精、水淀粉各适量。

做法 ❶山药去皮，洗净，切粒；红椒洗净，去蒂及籽，切丁。

❷将玉米粒、豌豆、山药粒、红椒丁放入沸水中汆烫，捞出沥干。

❸油锅烧热，下山药粒、红椒丁、玉米粒、豌豆同炒，依次加入盐和味精翻炒均匀，用水淀粉勾薄芡，装盘即可。

辣椒茭白炒毛豆

材料 茭白丝300克，青椒、红椒各1个，毛豆粒50克，葱末、姜末各适量。

调料 盐、酱油、味精、白糖各适量。

做法 ❶ 青椒、红椒去籽洗净，切丝；毛豆粒用清水煮5分钟，捞出用冷水过凉。
❷ 油锅烧热，放入葱末、姜末煸香，加入茭白丝、青椒丝、红椒丝炒熟，再放入毛豆粒，加盐、酱油、白糖、味精炒透入味，装盘即可。

鱼香茭白

材料 茭白500克(切片)，泡椒段、葱末、姜末、蒜末、香菜叶各适量。

调料 A.酱油、奶汤、盐、料酒、醋、辣椒油、白糖、胡椒粉、鸡精、淀粉、各适量；B.豆瓣酱（剁细）、香油各适量。

做法 ❶ 调料A调成汁。
❷ 将茭白片滑透，捞出。
❸ 锅内下葱末、姜末、蒜末和豆瓣酱炒香，放入泡椒段、茭白片，烹入鱼香汁炒匀，淋香油，撒香菜即可。

茭白

营养功效

◎清热解毒，维护心脑血管健康：茭白属低热量、低脂肪的清淡食品，保护心脑血管，还可清湿热、解毒、催乳汁。

◎美容养颜，滋润肌肤：茭白可阻止黑色素生成，故有美白的功效。此外，它还能软化皮肤表面的角质层，使皮肤变得润滑细腻。

宜忌人群

- ✓ 烧伤烫伤者宜食。
- ✗ 肾病患者忌食。
- ✗ 尿结石患者忌食。
- ✗ 滑精及大便溏泄者忌食。

南瓜

营养功效

◎促进生长发育：南瓜中含有丰富的锌，常食南瓜能促进人体生长发育。

◎消除致癌物质：南瓜中还含有大量β－胡萝卜素，可以预防多种癌症，并能适当降低吸烟者的肺癌发病率。

宜忌人群

✔胃溃疡患者宜食。

✖疮、疔、疖、肿患者忌食。

✖脚气、黄疸患者忌食。

✖胃热炽盛、湿热气滞者忌食。

香爆南瓜

材料 南瓜600克，大蒜2瓣。

调料 豆豉、醪糟各1大匙，盐少许。

做法 ❶南瓜去皮、瓤、籽，洗净，切大块；大蒜洗净，切末；豆豉切成碎末，备用。

❷热锅，加入适量油烧热后，放入豆豉碎末和蒜末炒香，加入南瓜块进行翻炒，然后淋入醪糟，再加水焖煮至熟，最后加盐调味即可。

南瓜炒绿豆芽

材料 净南瓜250克，绿豆芽200克，葱花、香菜叶各适量。

调料 盐、味精、鸡精、白糖、香油各适量。

做法 ❶南瓜洗净，切成细丝。

❷绿豆芽洗净，汆烫，捞出备用。

❸油锅烧热，下葱花爆香，放入南瓜小火炒3分钟，加入绿豆芽，调入盐、鸡精、白糖、味精，大火炒熟，淋香油，装盘撒香菜叶即可。

什锦南瓜

材料 南瓜块250克，玉米粒、青豆、胡萝卜丁、土豆丁、洋葱丁、西红柿丁、菠萝丁各30克。

调料 盐、鸡精、水淀粉各适量。

做法 ❶南瓜块上屉蒸熟，装于盆底备用。

❷锅中加油烧热，放入玉米粒、青豆、胡萝卜丁、土豆丁、洋葱丁、西红柿丁爆炒，再加入西红柿丁、菠萝丁，调入盐和鸡精，用水淀粉勾芡。

❸将做法❷中的材料盛出，倒在南瓜块上即可。

咸蛋黄焗南瓜

材料 南瓜片250克，咸蛋黄50克，葱末少许。

调料 盐、胡椒粉各1小匙，味精半小匙。

做法 ❶咸蛋黄蒸至熟透，取出晾凉，用刀压成泥状。

❷油锅烧至五成热，放入南瓜片滑炒至八分熟，倒入漏勺，沥干油分。

❸锅内留余油烧热，放入咸蛋黄泥、盐、味精、胡椒粉炒散，再倒入滑好的南瓜片，翻炒均匀，出锅装盘，撒上葱末即可。

鱼香南瓜

材料 南瓜条500克，葱末、姜末、蒜末、泡红椒各适量。

调料 盐、料酒、醋、酱油、白糖、味精、水淀粉各适量。

做法 ❶南瓜条入油锅略炸，捞出沥干；把酱油、盐、料酒、醋、白糖、味精、蒜末、水淀粉及适量清水搅拌均匀，兑成鱼香芡汁。

❷油锅烧热，放入泡红椒、葱末、姜末炝锅，下南瓜条、鱼香芡汁略炒，烧至稠即可。

莲藕

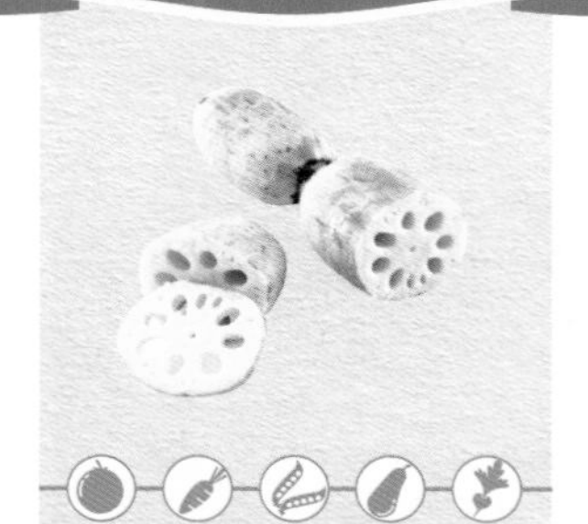

营养功效

◎辅助治疗热性病症：莲藕生食性寒，有清热凉血作用，可用来辅助治疗各种热性病症。

◎止血补血：莲藕中含有丰富的维生素K，具有止血的作用，对于瘀血、吐血、流鼻血、尿血、便血的人，以及产妇极为有益。

宜忌人群

✔便秘、肝病、高血压患者宜食。

✖产后1～2周内的女性忌食。

✖胃寒疼痛者、寒性痛经者忌食。

翡翠莲藕

材料 鲜藕块200克，红椒片100克，毛豆10粒，葱姜片各少许。

调料 盐、胡椒粉、香油各1小匙，味精半小匙，醋半大匙。

做法 ❶毛豆用沸水氽烫一下。

❷油烧至四成热，下入葱、姜片略煸炒；再放入藕块，炒至断生。放入红椒片、蚕豆，炒到红椒变色时放入盐、醋、香油、味精，再撒上胡椒粉即可。

双椒炒藕片

材料 鲜藕250克，南瓜片100克，青椒、红椒各50克。

调料 盐、味精各半小匙，香油1/3小匙，水淀粉10克。

做法 ❶鲜藕、南瓜刮净，在清水中清洗，切薄片；青椒、红椒均去蒂、籽，切片。

❷将所有的材料入沸水中氽烫后捞出，备用。

❸锅烧热，将鲜藕片、南瓜片、青椒片、红椒片下锅迅速煸炒至熟，然后调入盐、味精略微翻炒，用水淀粉勾芡，淋上香油即可。

辣炒什锦藕丁

材料 莲藕丁、熟火腿丁各100克，青尖椒丁、红尖椒丁各适量，豆腐干4块。

调料 老干妈辣酱2大匙，酱油1大匙，盐半小匙。

做法 ❶豆腐干切丁。
❷油锅烧热，倒入豆腐干丁，用大火煸炒1分钟，至豆腐丁表面成微黄色，倒入莲藕丁翻炒2分钟。
❸调入老干妈辣酱、酱油和盐翻炒均匀，倒入火腿丁、青尖椒丁、红尖椒丁，继续翻炒1分钟即可。

荷塘小炒

材料 莲藕1节，胡萝卜片、芹菜段、水发黑木耳片、百合、蒜片、荷兰豆段各适量。

调料 盐、味精、水淀粉各适量。

做法 ❶莲藕去皮，洗净，切薄片。
❷将胡萝卜片、黑木耳片、芹菜段、莲藕片、百合、荷兰豆段放入加有盐和油的沸水中迅速汆烫。
❸油锅烧热，下蒜片爆香，放入所有材料快炒2分钟，加盐、味精调味，用水淀粉勾芡即可。

酸甜藕条

材料 莲藕条350克。

调料 盐、酱油、醋、香油、白糖各适量，淀粉、小苏打粉各少许，小麦粉50克，素汤1小碗。

做法 ❶小麦粉、小苏打粉加适量盐和清水，调成糊，放入莲藕条拌匀。
❷油锅烧至八成熟，放入莲藕条小火炸至金黄色，捞出控油。
❸锅中加素汤、白糖、醋、酱油烧开，用水淀粉勾薄芡，待汤汁浓稠时倒入莲藕条翻炒，淋上香油即可。

胡萝卜

营养功效

◎通便防癌：胡萝卜含有丰富的膳食纤维，可加强肠道的蠕动，通便防癌。

◎降血压，降血糖，降血脂：胡萝卜含有降糖、降压、降脂物质，是糖尿病、高血压、冠心病患者的食疗佳品。

宜忌人群

✔近视、夜盲症、眼睛干燥者宜食。

✔皮肤粗糙、头皮干痒及经常熬夜者宜长期食用。

✔长期与水银接触者宜食。

✖低血压患者、孕妇忌食。

蒜香五色蔬

材料 胡萝卜条、白果、豌豆各75克，油菜段、芦笋段各120克，蒜末适量。

调料 白糖、鸡精、盐、料酒、水淀粉各适量。

做法 ❶芦笋洗净，去老皮，对半剖开。

❷将胡萝卜条、油菜段、芦笋段、白果、豌豆汆烫，捞起沥干。

❸油锅烧热，爆香蒜末，加入做法❷中的蔬菜略炒，再加白糖、鸡精、盐、料酒炒匀，以水淀粉勾芡即可。

藕丁胡萝卜玉米粒

材料 玉米粒100克，莲藕80克，胡萝卜半个，芹菜1棵，葱花适量。

调料 盐、白糖各适量。

做法 ❶玉米粒洗净，入沸水中汆烫。

❷莲藕洗净去皮，切小丁。

❸胡萝卜洗净后切小丁。

❹芹菜洗净后切末。

❺锅置火上倒油烧热，入玉米粒、藕丁、胡萝卜丁、芹菜末炒香，加盐、白糖调味，装盘撒上葱花即可。

素炒什锦

材料 胡萝卜丁、黄瓜丁、藕丁、红腰果（蜜腰豆）各50克。

调料 盐、白糖、香油各适量。

做法 ❶黄瓜丁、胡萝卜丁、藕丁、红腰果分别用清水洗净，沥水。

❷锅置火上倒油烧热，下入黄瓜丁、胡萝卜丁、藕丁、红腰果翻炒均匀，再加入盐、白糖调味，淋上香油，装盘即可。

酱炒胡萝卜

材料 瘦猪肉丁200克，胡萝卜丁200克，豆腐干丁50克，海米2大匙，葱末、姜末各适量。

调料 黄酱1大匙，酱油、料酒各2小匙，水淀粉适量，盐、味精各少许。

做法 ❶海米用温水泡。

❷起锅热油，下胡萝卜丁炸透捞出，放入肉丁炒至色白，放入葱末、姜末、黄酱炒香，加入料酒、味精、酱油、盐翻炒片刻，放入胡萝卜丁、豆腐干丁、海米翻炒，用水淀粉勾芡即成。

三色小炒

材料 胡萝卜150克，黄瓜100克，熟火腿肉、玉米粒各50克，红、青椒各1个。

调料 盐适量，水淀粉少许，鸡汁15毫升。

做法 ❶胡萝卜、黄瓜分别洗净，去皮，切小丁；火腿肉切小丁；青、红椒去蒂，洗净，切小丁。

❷油锅烧热，放入胡萝卜丁翻炒片刻，再分别放入火腿丁、黄瓜丁、甜椒丁、玉米粒炒匀，调入盐、水淀粉、鸡汁，烧至汤汁浓稠时，出锅即成。

白萝卜

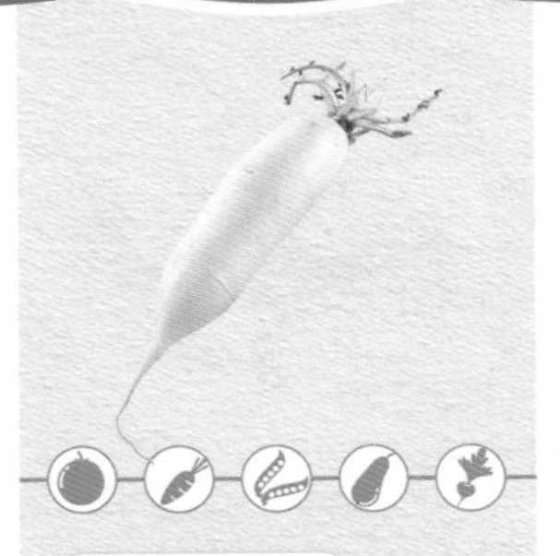

营养功效

◎防癌抗癌：白萝卜含有木质素和多种酶，具有很好的抗癌防癌作用。

◎清热化痰，生津止渴：白萝卜中含有的芥辣油有清热化痰的作用。白萝卜还可以增加口腔中唾液的分泌量，有生津止渴的作用。

宜忌人群

✔大便不畅、痢疾患者宜食。

✔支气管炎、肺炎患者宜食。

✖十二指肠溃疡患者忌食。

✖先兆流产、子宫脱垂者忌食。

蛋香萝卜丝

材料 白萝卜200克，鸡蛋1个，葱花适量。

调料 盐、味精各适量。

做法 ❶白萝卜洗净，去皮，切丝，加少许盐、味精腌制；鸡蛋打散，再倒入少许温水、少许盐打成蛋液。

❷油锅烧热，放入萝卜丝，以大火翻炒。

❸白萝卜丝将熟时，撒入葱花并立刻淋入蛋液，待蛋炒散后，放入味精调味即可。

香炒萝卜干

材料 白萝卜干300克，大蒜3瓣，红椒条适量。

调料 冰糖适量，酱油1大匙，辣椒油少许，料酒1小匙。

做法 ❶大蒜去皮切末；白萝卜干洗净，沥干后切条。

❷油锅烧热，转小火爆香蒜末，放入萝卜干条和红椒条拌炒，然后加入冰糖，用中火炒至白萝卜干条表面呈白色，加入酱油、辣椒油、料酒拌炒均匀，转大火快炒至白萝卜干入味即可。

虾仁腊肠炒芦笋

材料 芦笋250克，腊肠100克，虾仁50克，葱末、姜末各适量。

调料 水淀粉、盐、鸡精、胡椒粉各适量。

做法 ❶芦笋洗净切段，汆烫后捞出沥干；腊肠切片，汆烫后捞出沥干。
❷油锅烧热，放入加水淀粉上浆的虾仁滑油，捞出控油。
❸锅内留余油，炒香葱末、姜末，放入虾仁、腊肠片、芦笋段微炒，再放入盐、胡椒粉、鸡精炒匀即可。

清炒芦笋

材料 芦笋400克，泡红椒2个，大蒜2瓣。

调料 盐、味精、白醋、水淀粉各适量。

做法 ❶芦笋切去老根、削去老皮，洗净切片，入沸水中汆烫，捞出沥干备用。
❷泡红椒去蒂、籽，切块；大蒜去皮切末。
❸锅内放油烧热，放入泡红椒块、蒜末炒香，再放入芦笋片、盐、味精、白醋炒至断生，用水淀粉勾薄芡，炒匀即可。

芦笋

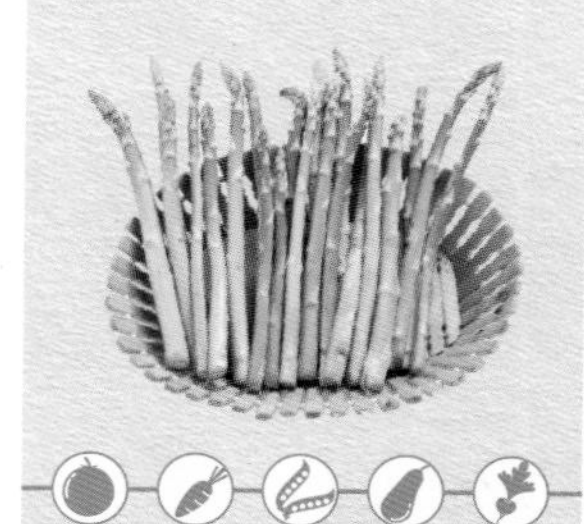

营养功效

◎利尿，防水肿：芦笋对水肿、膀胱炎、排尿困难等症有一定的缓解作用。

◎防癌抗癌：芦笋含有大量以天冬酰胺为主的非蛋白质含氮物质和天冬氨酸，还含有较多的甾体皂苷物质，这些物质对防癌、抗癌有很好的作用。

宜忌人群

✔肝功能不佳者、孕妇宜食。

✔高血压患者宜食。

✔癌症患者宜食。

✘痛风、糖尿病患者忌食。

笋

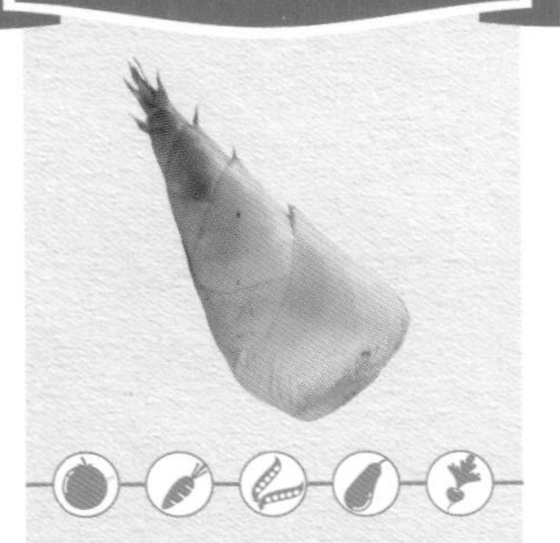

营养功效

◎增强食欲，促进消化：笋具有开胃、促进消化、增强食欲的作用。

◎预防便秘，防癌抗癌：笋清脆爽口，含有蛋白质、多种氨基酸、维生素、丰富的膳食纤维以及钙、磷、铁等矿物质，能预防便秘和结肠癌。

宜忌人群

✔肥胖症、癌症患者宜食。

✔习惯性便秘及动脉粥样硬化患者宜食。

✖胃溃疡、胃出血患者忌食。

✖肾炎患者忌食。

墨鱼炒冬笋

材料 冬笋100克，墨鱼1条，姜片、红椒末、葱花各适量。

调料 盐适量。

做法 ❶将墨鱼洗净，切细丝；冬笋洗净，切薄片。
❷笋片入沸水汆烫备用。
❸油锅烧热后，下墨鱼丝，稍煸，放下姜片，快炒3分钟左右。
❹待墨鱼丝呈半透明色时，加入冬笋片，续炒至熟，放盐调味，撒上红椒末、葱花即可食用。

小炒竹笋

材料 竹笋300克，猪肉丝200克，干辣椒丝、姜丝、葱丝各适量。

调料 高汤1碗，葱油、盐、鸡精各适量。

做法 ❶竹笋切成丝，洗净，入高汤中加盐、味精煨入味，捞出沥干水分；再烧热油锅将笋丝干煸出水分。
❷油锅烧热，爆香干辣椒丝、姜丝、葱丝，加肉丝炒熟，下笋丝炒匀，加盐、味精调味，出锅淋葱油即可。

笋香双菇

材料 竹笋200克，口蘑150克，滑子菇100克，葱段、姜条、蒜片各少许。

调料 盐、味精、酱油、香油各适量。

做法 ❶竹笋、口蘑洗净，切片；滑子菇洗净。

❷竹笋片、口蘑片、滑子菇放入沸水中汆烫一下，捞起沥干水分。

❸油锅烧热，下葱段、姜条、蒜片爆香，放入竹笋片、口蘑片、滑子菇，调入酱油、盐、味精，迅速翻炒均匀，淋香油，装盘即可。

爆炒竹笋

材料 竹笋500克，葱段适量。

调料 盐、味精、酱油各适量。

做法 ❶竹笋去皮洗净，切丝。

❷将竹笋丝入沸水锅中汆烫至断生，捞出，控干水分，备用。

❸锅置火上，加油烧热，下葱段爆香，再加入竹笋丝，调入盐、酱油略炒，最后加入味精调味即可。

香菇春笋

材料 春笋块400克，香菇、葱段、姜丝各适量。

调料 盐、味精、白糖、酱油、料酒、香油、清汤各适量。

做法 ❶春笋块入沸水中汆烫断生，捞出过凉；香菇泡发，切块。

❷油锅烧热，下笋块、香菇焖2分钟，捞出控油。

❸锅留底油，继续加热，放葱段、姜丝爆香，加清汤、料酒、酱油、白糖、盐烧沸，放笋块、香菇块焖炒入味，调入味精，淋入香油，翻炒均匀即可。

莴笋

营养功效

◎预防和辅助治疗糖尿病：莴笋含有较多的烟酸，烟酸被认为是胰岛素的激活剂，因此常食莴笋对糖尿病患者有益。

◎辅助治疗贫血：莴笋中含有的铁元素很容易被人体吸收，可以预防和辅助治疗缺铁性贫血。

宜忌人群

✔醉酒者宜食。

✖眼疾、夜盲症患者及弱视者忌食。

✖脾胃虚弱、腹泻便溏者忌食。

✖痛风患者忌食。

莴笋炒香菇

材料 莴笋片150克，鲜香菇片100克，胡萝卜片、蒜片各适量。

调料 盐、水淀粉、香油各适量。

做法 ❶锅置火上，加入适量油烧热，下鲜香菇片，用小火煨透，倒出。

❷油锅烧热，下蒜片炝香锅，然后加入莴笋片、胡萝卜片炒至快熟，再加香菇片、盐炒匀，勾芡，淋入香油即可。

莴笋炒豆腐干

材料 莴笋500克，豆腐干、松子、红椒各适量。

调料 盐、香油、鸡精、白糖各适量。

做法 ❶豆腐干洗净，切丁，放入沸水中汆烫，捞起晾凉；莴笋洗净，剥去叶片，汆烫，捞出，沥干后切丁；红椒去蒂及籽，切碎。

❷油锅烧热，放入豆腐干、莴笋丁及红椒碎炒香，最后加入所有调料拌炒入味，撒松子即可。

豆豉笋丁

材料 莴笋200克，葱花、蒜泥、姜末各适量。

调料 豆豉、豆瓣酱、盐、胡椒粉、料酒、白糖、味精、鲜汤各适量。

做法 ❶莴笋洗净切丁，用少许盐、葱花、姜末、料酒、味精腌渍入味。

❷油锅烧热，下豆豉、豆瓣酱、葱花、蒜泥、姜末爆香，加入少许鲜汤烧沸，调入盐、胡椒粉、白糖、味精勾成豉香汁。

❸笋丁用油略炒，加豉香汁炒匀即可。

清炒莴笋

材料 莴笋1根，红椒1个，蒜末适量。

调料 盐、白糖、白醋、鸡精各适量。

做法 ❶莴笋去叶子、皮后切菱形块；红椒去蒂，洗净切丝。

❷将莴笋块放入沸水锅中汆烫至断生，捞出沥水。

❸锅内放油烧热，放入蒜末炒香，下入莴笋块翻炒至莴笋略发软。

❹加入红椒丝炒匀，再放入盐、白糖、白醋、鸡精调好味即可出锅。

葱味莴笋

材料 莴笋250克，洋葱50克，枸杞子30克，姜片少许。

调料 盐、味精、香油、料酒、白酱油各适量。

做法 ❶莴笋去皮，洗净切片；洋葱洗净，切片；枸杞子洗净，温水泡开。

❷油锅烧热，下入莴笋片滑油，捞出备用。

❸锅中再加入适量油烧热，放入姜片、洋葱片炒香，调入料酒，加莴笋片、枸杞子翻炒均匀，调入盐、白酱油炒至熟，加入味精，淋入香油即可。

海带

营养功效

◎清热利水，利尿消肿：海带可泄热利水、消痰散结。可防治肾功能衰竭、老年性水肿、药物中毒等病症。

◎预防心脏病、糖尿病：海带中的优质蛋白和不饱和脂肪酸对心脏病、糖尿病有一定的预防作用。

宜忌人群

- 甲减患者宜食。
- 乳腺小叶增生且伴有肥胖、内分泌失调者宜食。
- 水肿患者宜食。
- 癌症患者宜食。
- 心血管疾病患者宜食。

美味海带丝

材料 水发海带丝500克，熟芝麻、葱花、蒜末各适量。

调料 酱油、辣椒油、盐、白糖、醋、芝麻酱、花椒油、味精、香油各适量。

做法 ❶海带丝洗净，入沸水汆烫至熟，取出晾凉，放入锅中用油略炒。

❷芝麻酱加入酱油调成稀糊状，再放入盐、醋、白糖、辣椒油、花椒油拌匀，最后放入葱花、蒜末、味精、熟芝麻、香油调拌成味汁，浇在海带丝上即可。

素炒三丝

材料 海带丝250克，水发黑木耳丝200克，胡萝卜丝50克，姜丝、葱丝各10克。

调料 盐、料酒、鸡精、香油、水淀粉、鸡汤各适量。

做法 ❶海带丝、黑木耳丝、海带丝入沸水中汆烫片刻，捞起待用。

❷炒锅置火上，加油烧热，爆香姜丝，下黑木耳丝、海带丝、胡萝卜丝，加入料酒，调入鸡汤、盐、鸡精炒至刚熟，用水淀粉勾芡，撒上葱丝，滴少许香油即成。

鲜炒甘薯泥

材料 甘薯350克，荸荠20克，什锦果脯20克，熟花生仁20克。

调料 白糖适量。

做法 ❶荸荠去皮清洗干净，切小丁；果脯切同样大小的丁；花生仁略捣一下，去皮。

❷甘薯去皮，放入沸水锅中隔水蒸软，拿出捣成细泥。

❸锅内放油烧至三成热，加入甘薯泥，炒至翻沙。

❹再加入荸荠丁、果脯丁、花生仁、白糖炒匀即可。

拔丝甘薯

材料 甘薯450克，红椒丝50克。

调料 白糖、桂花水各适量。

做法 ❶甘薯去皮洗净，切成中等大小的块状。

❷油锅烧热，放入甘薯块，小火慢炸，至甘薯块熟透呈金黄色时，捞出备用。

❸油锅熬化白糖，放入已经炸好的甘薯，将锅稍端起离火，持续地颠动翻炒，待甘薯块均匀地挂满糖浆时，滴入适量桂花水，撒上红椒丝，装盘即可。

甘薯

营养功效

◎预防老年性便秘：甘薯含有大量膳食纤维，能刺激肠道蠕动，通便排毒，尤其对老年性便秘有较好的改善效果。

◎增强免疫功能：甘薯富含赖氨酸胡萝卜素，可消除有致癌作用的氧自由基，阻止致癌物与细胞核中的蛋白质结合。

宜忌人群

✔便秘者宜食。

✔心血管疾病患者宜食。

✘便胃溃疡、胃易胀气者忌食。

✘胃口不佳、反胃、胃酸过多者忌食。

黑木耳

营养功效

◎美容养颜，预防和改善缺铁性贫血：黑木耳中铁的含量极为丰富，常吃黑木耳能养血驻颜，预防和改善缺铁性贫血。

◎预防血栓，防癌抗癌：黑木耳含有维生素K，能减少血液凝块，预防癌症。

宜忌人群

✔便血、月经过多等各种出血病症患者宜食。

✔肾结石、膀胱结石等结石病患者宜食。

✖血痢便血者慎食。

肉碎韭香炒木耳

材料 水发黑木耳300克，猪肉末50克，韭菜、干辣椒丝各适量。

调料 鸡精适量，盐、酱油各1大匙，葱油半大匙。

做法 ❶黑木耳洗净，汆烫至断生后捞出过凉水，撕成小片；韭菜洗净切段。

❷油锅烧热，放入干辣椒丝炒香，加肉末炒散，加入黑木耳片同炒，加盐、鸡精、酱油调好味，加韭菜段炒匀，淋入葱油即可。

木耳什锦菜

材料 水发黑木耳100克，白菜100克，平菇30克，胡萝卜、青椒、姜丝各适量。

调料 盐、鸡精各适量。

做法 ❶白菜、胡萝卜、青椒分别洗净，切片；黑木耳洗净，与平菇分别用手撕成小块。

❷锅内倒油烧热，煸香葱、姜丝，依次加入白菜片、平菇、黑木耳片、胡萝卜片、青椒片炒熟。

❸加入盐、鸡精调味即可。

腊肉西芹木耳

材料 水发黑木耳块200克，腊肉片、西芹段各100克，葱花、蒜片各少许。

调料 盐、味精、鸡精、花椒油、香油、白糖各适量。

做法 ❶油锅烧至五成热，下入腊肉片、西芹段滑油，捞起沥油备用。❷锅内留底油，下葱花爆香，放入黑木耳块，调入盐、鸡精煸炒至熟，淋香油，装入盘内备用。❸另起油锅烧热，爆香蒜片，放腊肉片、西芹段、盐、味精、白糖炒匀，淋花椒油，倒在黑木耳上。

白灵菇炒黑木耳

材料 白灵菇100克，干黑木耳适量，青椒、红椒各1个，蒜片少许。

调料 清汤、盐、料酒、生抽、白糖、醋、胡椒粉各适量。

做法 ❶白灵菇洗净，改刀成片；干黑木耳用清水泡发，去蒂，切片；青椒、红椒均切菱形块。❷锅置火上倒油烧热，下入青红椒块、蒜片炒香，加入白灵菇片、黑木耳片翻炒，添入清汤，加盐、料酒、生抽、白糖、醋、胡椒粉调味即可。

木耳炒莴笋

材料 水发黑木耳200克，莴笋150克，胡萝卜50克，葱末、姜末各少许。

调料 盐、味精、酱油、花椒油各适量。

做法 ❶黑木耳择去根蒂洗净；胡萝卜、莴笋洗净去皮，均切菱形片。❷将黑木耳、莴笋片、胡萝卜片氽烫，捞起沥干。❸油锅烧热，下葱末、姜末爆香，放入氽烫好的黑木耳、莴笋片、胡萝卜片，调入盐、味精、酱油，快速翻炒均匀，淋入花椒油，装盘即可。

牛肝菌

营养功效

◎提高免疫力：牛肝菌富含碳水化合物、蛋白质和维生素等，经常食用可强身健体。

◎防癌抗癌：牛肝菌中的水提物对肉瘤和癌症具有一定的抑制功效。

◎补血益气：牛肝菌中含有丰富的氨基酸、蛋白质和矿物质，有益于贫血、体虚、头晕等症状的人群食用。

宜忌人群

- ✔ 贫血、体虚者宜食。
- ✔ 糖尿病患者宜食。
- ✔ 癌症患者宜食。
- ✘ 过敏体质者忌食。

炝炒牛肝菌

材料 牛肝菌片300克，豆苗150克，干辣椒段、葱花各少许。

调料 高汤2碗，盐、味精、鸡精、花椒各适量。

做法 ❶牛肝菌片洗净；锅中加高汤烧开，加盐、味精、鸡精，加牛肚菌片煨至入味，捞出沥干；豆苗洗净，稍加汆烫，捞出放盘底。

❷油锅烧热，爆香干辣椒段、花椒、牛肝菌片，加盐、味精、鸡精，出锅放盘中，最后撒葱花即可。

青椒炒牛肝菌

材料 牛肝菌100克，青椒2个，黄椒半个，葱段、蒜片各适量。

调料 盐适量。

做法 ❶将青椒、黄椒去蒂、籽，切菱形片。

❷将牛肝菌用盐水洗净，切块，入沸水中汆烫一下。

❸锅置火上倒油烧热，爆香蒜片、青椒片、黄椒片，加入牛肝菌块、盐，翻炒至熟即可。

老干妈牛肝菌

材料 牛肝菌250克，青椒、红椒各10克，面包糠100克，全蛋糊200克。

调料 老干妈豆豉酱15克，盐、味精、香油各适量。

做法 ❶牛肝菌洗净，切片，用盐腌制后蘸全蛋糊，裹面包糠。

❷青椒、红椒洗净，切菱形片。

❸炒锅放入油烧至七成热，下入牛肝菌片炸至外酥内熟呈金黄色后捞出。

❹炒锅留余油下入老干妈豆豉酱炒香，投入牛肝菌片、青椒片、红椒片翻炒数下。

❺调入味精、盐炒均匀，最后淋入香油即可装盘。

花椒炝牛肝菌

材料 牛肝菌300克，红椒20克，葱段、蒜片各5克。

调料 花椒、盐、味精、水淀粉、鲜汤各适量。

做法 ❶牛肝菌洗净，切片，入沸水中汆烫；红椒洗净，切片。

❷油锅烧热，下入花椒、葱段、蒜片、红椒片炒香，再下入牛肝菌片及盐、味精、鲜汤调味，用水淀粉勾芡即可。

香菇

营养功效

◎提高免疫功能：香菇蛋白质中氨基酸多达18种，含人体必需的8种氨基酸中的7种，经常食用可提高人体免疫功能。

◎防癌抗癌：香菇中的香菇多糖，可调节人体内有免疫功能的T细胞活性，可降低甲基胆蒽诱发肿瘤的概率。

宜忌人群

✔气虚头晕、贫血及年老体弱者宜食。

✔三高人群及肾炎患者宜食。

✖顽固性皮肤瘙痒症患者忌食。

荸荠烧香菇

材料 荸荠250克，水发香菇100克，葱花少许。

调料 盐1小匙，白糖、味精各少许。

做法 ❶荸荠洗净，去皮切片；水发香菇挤出水分并切除伞柄。

❷油锅烧热，下香菇、荸荠片翻炒，加适量水焖3分钟，加入盐、白糖、味精调味，撒上葱花即可。

香菇尖椒炒笋丝

材料 鲜香菇100克，竹笋50克，红尖椒丝、姜丝、葱段各适量。

调料 盐、味精、蚝油、水淀粉各适量。

做法 ❶鲜香菇洗净，切成丝；竹笋洗净，切丝。

❷竹笋丝放入加有少许盐、味精的沸水中煮熟，备用。

❸另烧锅下油，放入姜丝爆香，下香菇丝、竹笋丝、红尖椒丝、葱段，调入盐、味精、蚝油炒至入味，最后用水淀粉勾芡即可。

麻辣香菇

材料 干香菇300克，干辣椒适量。

调料 花椒、辣椒粉、花椒粉、盐各适量。

做法 ❶ 干香菇洗净，泡发后切粗条，香菇水留下备用。

❷ 干辣椒洗净，切成段。

❸ 炒锅上中小火烧热，将部分盐、辣椒粉、花椒粉混合均匀，倒入锅中迅速翻炒，至盐略黄，辣椒粉、花椒粉发出香味时倒出，备用。

❹ 油锅六成热时将香菇条放入，以中小火不停翻炒至香菇条变黄。

❺ 待发出香味时将干辣椒段、花椒和剩余盐放入，再炒10分钟左右捞起入盘，撒上炒好的椒盐粉拌匀即可。

板栗炒香菇

材料 板栗300克，香菇10朵，红椒块、葱段各适量。

调料 盐、老抽、白糖、料酒、醋各适量。

做法 ❶ 板栗去壳；香菇用清水泡好，去蒂。

❷ 将盐、老抽、白糖、料酒、醋调成味汁。

❸ 锅置火上倒油烧热，下入板栗、香菇、红椒块、葱段翻炒至熟，加入味汁，烧至入味，收汁即可。

西红柿炒香菇

材料 鲜香菇350克，西红柿150克，葱白段少许，蒜片适量。

调料 盐1小匙，白糖、味精、高汤、水淀粉各适量。

做法 ❶西红柿放沸水中汆烫，撕去皮，剖开去籽，切成厚片。

❷鲜香菇去蒂洗净，切成片，入沸水中汆烫，捞出沥干。

❸油锅烧至六成热，下蒜片炒香，放入香菇片翻炒，加高汤煮至香菇软熟，再下入西红柿片，加盐、白糖、味精、葱白段翻匀，用水淀粉勾芡，淋入香油，装盘即可。

竹笋炒香菇

材料 竹笋2根，香菇16朵，蒜、葱各适量。

调料 酱油2大匙，冰糖适量。

做法 ❶竹笋去外皮洗净，切块；葱洗净，切段；蒜洗净，切片；香菇泡发，洗净切丁。

❷锅倒油烧热，将蒜片、葱段炸香，再下入竹笋块、香菇丁过油后捞出，再用冷开水冲掉其油渍。锅中加水烧沸，放入酱油煮香，再放入香菇丁、竹笋块、冰糖一起焖煮至材料完全入味，装盘即可。

香菇笋丁

材料 鲜香菇500克，莴笋、葱花各适量，红椒、熟白芝麻、香菜叶各少许。

调料 酱油1大匙，白糖2小匙，盐、鸡精各适量。

做法 ❶将鲜香菇洗净，切小块；红椒洗净，切丁。

❷莴笋去皮，洗净，切块备用。

❸油锅烧热，放入葱花爆香，再倒入香菇块和莴笋块翻炒。

❹调入酱油、白糖、盐、鸡精继续炒约2分钟，放入红椒丁、熟白芝麻炒匀，撒少许香菜叶即可。

香菇炒菜花

材料 菜花250克，鲜香菇100克，蒜片适量。

调料 盐1小匙，味精、白糖、蚝油、花椒、酱油各适量。

做法 ❶菜花洗净后掰小块，入沸水中汆烫至断生，捞出沥干。

❷鲜香菇去根，洗净。

❸油锅烧热，放入蒜片、花椒炒香，加鲜香菇翻炒片刻，再加蚝油、白糖、盐、酱油调味，放入菜花炒至熟，出锅前调入味精即可。

草菇

营养功效

◎健脾益气，促进伤口愈合：草菇有补脾益气、解暑清热的功效。常食可增强机体的抗病能力，加速伤口愈合。

◎缓解便秘，降低血糖：草菇含有较高纤维素，可促进肠胃蠕动、缓解便秘，并可减缓对碳水化合物的吸收，降低血糖的含量。

宜忌人群

✔胃纳不佳、暑热心烦者宜食。

✔糖尿病、高血压患者宜食。

✔体虚气弱、产后乳汁不足者宜食。

草菇炒瓜片

材料 小黄瓜4根，草菇8个，葱末、姜末各适量。

调料 盐、鸡精、料酒、高汤各适。

做法 ❶草菇去蒂，清洗干净，切成片，在沸水中汆烫一下；黄瓜洗净，切片，备用。

❷油锅烧热，放入葱末、姜末炒香，加黄瓜片、草菇片翻炒，加入高汤、料酒、盐、鸡精调味，炒熟即可。

栗子炒草菇

材料 草菇、栗子各200克，葱段适量。

调料 盐、味精各适量。

做法 ❶将栗子去壳，洗净，沥干；草菇洗净，对剖备用。

❷锅内加水烧开，将草菇、栗子分别放入沸水中汆烫一下，捞出过凉水，沥干。栗子须焯熟。

❸锅置火上倒油烧热，先下入葱段，再加入草菇、栗子翻炒至熟，加盐、味精调味，装盘即可。

平菇炒菜心

材料 平菇350克，菜心150克，葱、生姜各少许。

调料 盐、料酒、花椒油各适量。

做法 ❶菜心洗净，一切为二，用沸水汆烫。

❷平菇洗净，切片，稍微汆烫，捞出沥干水分，备用；葱、生姜均洗净，切末。

❸油锅烧热，下入葱末、姜末煸香，放入平菇、菜心快速翻炒。调入料酒、盐翻炒均匀，煸炒至熟后淋花椒油，装盘即可。

森林小炒

材料 口蘑、平菇等菌菇400克，黄瓜片、胡萝卜片各30克，葱末、姜末各少许。

调料 盐、味精、蚝油、香油各适量。

做法 ❶全部菌菇洗净，去蒂，切片。

❷菌菇入沸水中汆烫断生，捞起沥干。

❸油锅烧热，爆香葱末、姜末，放入黄瓜片、胡萝卜片翻炒，调入盐、蚝油，再放入菌菇片翻炒至熟，加入味精，淋入香油，出锅即成。

平菇

营养功效

◎防癌：平菇是一种抗癌食品，有一定的防癌抗癌作用。

◎降低胆固醇：平菇所含氨基酸中的牛磺酸，能调节人体新陈代谢，对脂类物质的消化吸收、降低血压和降低胆固醇具有很好的效果，能预防动脉粥样硬化。

宜忌人群

✔糖尿病、肥胖者宜食。

✔胆结石、慢性胃炎患者宜食。

✔老年人和肠胃功能虚弱者宜食。

✘过敏体质者忌食。

金针菇

营养功效

◎促进身高和智力发育：金针菇含有多种人体必需氨基酸，其中赖氨酸和精氨酸含量尤其丰富，且含锌量也比较高，可促进儿童的身高和智力发育。

◎防癌抗癌：金针菇中还含有一种叫朴菇素的物质，可防癌抗癌。

宜忌人群

✔儿童、老年人、孕妇宜食。

✔高血压、癌症患者宜食。

✖脾胃虚寒者忌食。

✖红斑狼疮、关节炎患者忌食。

四色小炒

材料 鲜金针菇200克，水发银耳、水发黑木耳、熟毛豆、胡萝卜丝各100克，葱末、姜末各适量。

调料 味精、盐、香油各适量。

做法 ❶将银耳和黑木耳分别去蒂，洗净，撕成小朵；金针菇去根，洗净。

❷油锅烧热，入葱末、姜末煸出香味，加黑木耳、银耳、熟毛豆、胡萝卜丝煸炒几下，除去水分后加入金针菇、味精、盐翻炒至熟，淋入香油，炒匀即可。

丝瓜炒金针菇

材料 金针菇350克，丝瓜150克，蒜蓉适量。

调料 盐、味精、酱油、香油各适量。

做法 ❶金针菇择洗干净，入沸水锅汆烫，捞出沥干，备用。

❷丝瓜去皮，洗净，切丝。

❸油锅烧热，放入蒜蓉爆香，加丝瓜丝炒至熟软，下金针菇炒匀，调入盐、酱油炒至熟后，加入味精，淋入香油，出锅即成。

双耳炒金针

材料 金针菇150克，水发银耳、水发黑木耳各50克，葱花少许。

调料 盐、味精各适量。

做法 ❶金针菇择洗干净，入沸水锅汆烫断生，捞出沥干。

❷水发银耳、水发黑木耳均去蒂，洗净，撕成小朵，备用。

❸油锅烧热，下葱花爆香，放入银耳、黑木耳翻炒，倒入适量清水，先用大火烧开，再转小火稍煮，加入金针菇炒匀，调入盐、味精，出锅即成。

金针菇炒肉

材料 猪肉100克，金针菇300克，胡萝卜30克，豆芽、洋菇各50克。

调料 盐、白糖各少许。

做法 ❶猪肉洗净，切丝；金针菇去根，入沸水中汆烫；豆芽洗净；胡萝卜、洋菇均洗净，切片。

❷炒锅倒油烧热，先爆熟猪肉丝，再加入其余材料和全部调料快速翻炒至入味，即可装盘。

金针菇炒鸡丝

材料 鲜金针菇200克，鸡脯肉300克，冬笋50克，葱丝、姜丝各适量。

调料 味精、料酒、盐、香油、水淀粉各适量。

做法 ❶金针菇去根，洗净，切成小段；鸡脯肉、冬笋分别洗净，切丝。

❷油锅烧至七成热，加入葱丝、姜丝炝锅，煸出香味，入鸡肉丝煸至九成熟，再加冬笋丝、料酒、味精，烧沸后加金针菇和盐爆炒几下，用水淀粉勾芡，淋入香油即可。

茶树菇

营养功效

◎补肾强身：茶树菇是传统药用菌，具有强身补肾、健脾胃、解毒之功效。

◎防癌抗癌：现代医学研究表明，茶树菇含有抗癌多糖，其提取物对恶性肿瘤有抑制作用。

宜忌人群

✔肥胖症、高血压患者宜食。

✔癌症、慢性肠胃炎患者宜食。

✔慢性肾炎、前列腺炎患者宜食。

✘消化功能薄弱者忌食。

蕨菜炒茶树菇

材料 新鲜的干蕨菜、干茶树菇各30克，蒜薹20克，红椒片、葱花适量。

调料 盐、鸡精、料酒、白糖、酱油、辣鲜露各适量。

做法 ❶将干蕨菜、干茶树菇分别浸泡，切段，入沸水中汆烫，捞出沥干；将蒜薹切末。

❷油锅烧热，炒香蒜薹末，加入蕨菜、茶树菇翻炒至熟，加盐、鸡精、料酒、白糖、酱油、辣鲜露调味，撒红椒片和葱花炒匀即可。

双椒茶树菇

材料 茶树菇200克，青椒条、红椒条、肉丝各20克，蒜片适量。

调料 料酒、盐、味精、香油各适量。

做法 ❶茶树菇去根、洗净，汆烫，捞出沥干。

❷茶树菇用油炸熟，备用。

❸炒锅留少许油，放入青椒条、红椒条、蒜片略炒，再放入肉丝、茶树菇，调入盐、料酒炒熟出香味。

❹最后放入味精炒匀，淋入香油即可。

杏鲍菇炒玉米笋

材料 杏鲍菇180克，玉米笋150克，蒜片20克，姜片30克。

调料 A.香油1大匙；B.酱油2大匙，醪糟1大匙，盐、胡椒粉各少许。

做法 ❶杏鲍菇、玉米笋分别洗净，切滚刀块。

❷将调料B调成兑汁。

❸油锅烧热，放入姜片、蒜片煸香，再加入杏鲍菇块及兑汁炒至上色，淋入香油即可装盘。

沙茶炒什锦

材料 杏鲍菇、香菇、芦笋条、胡萝卜条、西蓝花各30克，油菜50克。

调料 沙茶酱1大匙，香菇精、香油、盐各适量。

做法 ❶杏鲍菇、香菇均泡好，洗净，去蒂，沥干水分，切成片；油菜择洗干净，切成段；西蓝花洗净，撕小朵。

❷所有材料汆烫备用。

❸油锅烧热，炒香沙茶酱，再放入所有材料翻炒至熟，加入剩余调料炒匀即可。

杏鲍菇

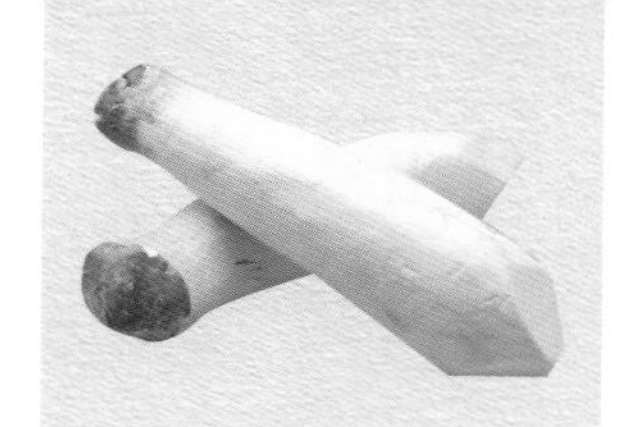

营养功效

◎祛脂降压：杏鲍菇能够软化毛细血管，降低人体中血脂和胆固醇的含量，经常食用有助于高血压患者降低血压。

◎提高免疫力：杏鲍菇中含有非常丰富的蛋白质，能提高人体免疫力。

◎开胃消食：杏鲍菇能够刺激胃酸分泌，进而帮助消化。

宜忌人群

- ✔高血压患者宜食。
- ✔高血脂患者宜食。
- ✔消化不良者宜食。
- ✘过敏体质者忌食。

猪肉

营养功效

◎长肌肉，润皮肤：猪肉含有的营养成分具有长肌肉、润皮肤的作用，并能使毛发有光泽。

◎改善缺铁性贫血：猪肉可提供血红素（有机铁）和促进铁吸收的半胱氨酸，能预防和改善缺铁性贫血。

宜忌人群

- 长期素食、营养不良者宜食。
- 体质瘦弱、皮肤干燥者宜食。
- 肥胖者忌食。
- 高血脂患者忌食。

酸菜炒肉丝

材料 猪肉150克，酸菜丝适量，干辣椒、蒜末、葱花各少许。

调料 酱油、料酒、白糖各少许，水淀粉适量。

做法 ❶猪肉切丝，用酱油、料酒、水淀粉、白糖拌匀，腌渍一会儿。

❷肉丝用油滑散，盛出备用。

❸锅再热油，放干辣椒、蒜末炒出香味，倒入酸菜丝翻炒，再倒入炒好的肉丝一起炒，混合均匀后，撒葱花，出锅即可。

葱爆肉丝

材料 猪里脊肉150克（切丝），葱4根，姜5片，红椒1个，油菜、蛋清各少许。

调料 盐、味精各少许，水淀粉半小匙。

做法 ❶葱、姜、红椒、油菜均洗净；葱斜切段；姜切丝；红椒去籽切丝。

❷里脊肉丝加盐、水淀粉，下油锅滑散，捞出备用。

❸油锅爆香葱段、姜丝、红椒丝，加肉丝、油菜、盐、味精，快速翻炒至熟即可。

尖椒香干肉丝

材料 青尖椒100克，香干250克，猪肉100克，蒜末适量。

调料 料酒、水淀粉、盐、酱油、蚝油各少许。

做法 ❶青尖椒洗净切丝；香干切丝；猪肉切丝，肉丝用料酒、水淀粉、少许酱油腌渍片刻。❷油锅烧热，下肉丝炒至色白时盛出。❸油锅放蒜末，倒入青尖椒丝、香干丝翻炒，加蚝油、盐，倒入肉丝，合炒片刻即可。

菇香肉丝

材料 里脊肉丝200克，鲜茶树菇段50克，青椒丝、红椒丝各30克，葱末、姜末各少许。

调料 盐、味精、酱油、干淀粉、高汤各适量。

做法 ❶里脊肉丝加干淀粉拌匀上浆。❷油锅烧热，下里脊肉丝滑散，捞出控油，备用。❸锅中留油，继续加热，下葱末、姜末爆香，放入茶树菇段煸炒片刻，加入高汤、盐、酱油稍煮，倒入里脊肉丝炒匀，出锅前加入味精即可。

豆豉椒香炒肉丝

材料 肉丝200克，青椒丝、冬笋丝各50克，干辣椒段、蛋清、葱末各适量。

调料 豆豉2大匙，料酒、水淀粉、酱油、盐、味精各适量。

做法 ❶肉丝加酱油、料酒、蛋清、水淀粉上浆，下油锅滑散；冬笋丝用沸水汆烫备用。❷锅留底油，炒香豆豉、干辣椒段、葱末，投入冬笋丝、肉丝，加料酒、盐、味精、酱油、青椒丝翻炒，出锅前用水淀粉勾芡即可。

三丝芝麻炒肉

材料 猪瘦肉200克，黑芝麻15克，冬瓜、莴笋、红椒各适量。

调料 酱油、盐、味精各适量。

做法 ❶瘦肉清洗干净，切成细丝。

❷冬瓜、莴笋分别去皮，用清水洗干净，均切细丝。

❸红椒洗净，去蒂、籽后切丝，备用。

❹锅内放油烧热，放入肉丝滑炒，再放入冬瓜丝、莴笋丝、红椒丝、酱油、盐、味精一同翻炒。

❺待肉丝熟透，撒上黑芝麻即可。

榨菜肉丝

材料 猪里脊肉丝250克，榨菜丝1袋，红椒丝适量，姜丝、葱段、蒜蓉各少许。

调料 盐、白糖、味精、料酒、水淀粉、生抽、香油各适量。

做法 ❶里脊肉丝放入碗中，加盐、味精、水淀粉腌渍5分钟，放入油锅中滑熟，盛出。

❷油锅烧热，放入蒜蓉、姜丝、葱段炝锅，倒入肉丝，烹少许料酒翻炒，加入榨菜丝、红椒丝，用大火翻炒，加入盐、生抽、味精、白糖调味。最后，用水淀粉勾薄芡，淋入香油即可。

香辣肉炒海带

材料 猪肉200克，海带150克，香菜段适量，葱段、蒜片、干辣椒丝各少许。

调料 料酒1小匙，白糖、红油各1大匙，盐、味精、花椒粉、水淀粉、香油各适量，高汤少许。

做法 ❶猪肉切小薄片；海带泡发，择洗净，切片，汆烫，捞出沥干。

❷油锅烧热，肉片煸炒变色，放葱段、蒜片、干辣椒丝爆香，烹料酒，加白糖、红油、盐、味精、花椒粉、高汤、海带片，翻炒均匀。

❸用水淀粉勾芡，淋香油，撒香菜段，装盘即可。

蒜苗炒肉丝

材料 猪瘦肉150克，蒜苗100克。

调料 A.盐、料酒、干淀粉各适量；B.豆瓣酱2大匙，盐、酱油、味精、水淀粉、高汤各适量。

做法 ❶猪瘦肉洗净，切成丝，装入碗内用调料A腌渍入味；蒜苗洗净后切成段。

❷将调料B中的盐、酱油、味精、水淀粉、高汤兑成芡汁。

❸油锅烧热，放入猪瘦肉丝炒散至发白，再加入豆瓣酱炒香，下入蒜苗段炒至断生，倒入芡汁，收汁即可。

大口辣肉丝

材料 瘦猪肉200克，野山椒50克，冬笋50克，蛋清、葱花各适量。

调料 味精、酱油、料酒、高汤、水淀粉、盐各适量。

做法 ❶ 猪肉切丝，加酱油、料酒、蛋清、水淀粉上浆。

❷ 冬笋切丝，用沸水汆一下备用。

❸ 炒锅放油烧至七成热，将肉丝滑散，捞出控油。

❹ 锅留底油，下入葱花炒香，依次放入野山椒、冬笋丝、肉丝，加入料酒、盐、味精、酱油、高汤翻炒，熟后用水淀粉勾芡即可。

青豆滑炒里脊

材料 猪里脊肉300克，青豆100克，蛋清、红椒片、小油菜末各适量，葱花少许。

调料 盐、味精、干淀粉、料酒、白糖各适量。

做法 ❶ 将猪里脊肉切薄片，加盐、味精、蛋清、料酒、干淀粉抓匀上浆，入热油中滑一下，捞出沥油。

❷ 将青豆洗净，用清水浸泡。

❸ 锅内留底油，下入葱花爆香，加入油菜末、里脊肉片、青豆、红椒片翻炒均匀，加盐、味精、白糖调味，装盘即可。

肉丝炒酸菜

材料 猪瘦肉丝、酸菜各150克，粉丝适量，葱丝、姜丝各少许。

调料 花椒油、酱油各1大匙，盐半小匙，味精少许，鸡粉1小匙，水淀粉适量。

做法 ❶酸菜去根，洗净，先顺帮片成薄片，再顶刀切成细丝，放温水中浸泡20分钟，捞出，挤净水分。

❷粉丝用温水泡软。

❸油锅烧热，用葱丝、姜丝炝锅，下入肉丝煸炒至变色。

❹再放入酸菜丝、粉丝煸炒透，调入酱油、盐、味精、鸡粉，加适量水翻炒至熟，最后用水淀粉勾芡，淋上花椒油即可。

茄子炒猪肉片

材料 猪肉片、茄条各200克，枸杞子、姜丝、蒜末各适量。

调料 A.料酒、胡椒粉、酱油、淀粉各适量；B.豆瓣酱2小匙。

做法 ❶将猪肉片、茄条用调料A拌匀。

❷油锅烧热，下姜丝、蒜末炒香，放肉片炒散，捞出沥油。

❸烧热余油，下豆瓣酱炒香，加入茄条煸炒，加少量水焖2分钟，放肉片、枸杞子翻炒即可。

玉米炒肉末

材料 猪肉末150克，玉米粒（罐头）100克，红椒、葱各30克。

调料 盐、鸡精、白糖各适量，醪糟1大匙。

做法 ❶葱洗净，切末；红椒去蒂、去籽，洗净，切细丝，备用。

❷热锅，倒入适量油，放入葱末爆香，加入猪肉末炒至变白，再加入玉米粒及所有调料炒匀，用红椒丝点缀即可。

萝卜干咸肉末

材料 萝卜干200克，咸肉200克，葱、姜各适量。

调料 味精少许。

做法 ❶将萝卜干洗净，挤干水分，切成末。

❷将咸肉切成末备用。

❸将葱、姜分别洗净，切成末。

❹锅置火上倒油烧热，下入萝卜干末、咸肉末、葱末、姜末翻炒至熟，调入味精即可。

下饭小炒

材料 猪肉末100克，榨菜50克，蒜薹80克，鲜香菇丁、红椒丁、葱花各适量。

调料 盐、鸡精、豉椒油各适量。

做法 ❶榨菜洗净切丁；蒜薹去头尾，洗净切丁。

❷锅内放油，烧至六成热，放入猪肉末炒香，再加入榨菜丁、蒜薹丁、红椒丁、香菇丁翻炒均匀。

❸待所有材料熟透后，调入盐、鸡精、豉椒油，撒少许葱花装盘即可。

花生肉丁

材料 猪瘦肉300克，鸡蛋1个（取蛋清），泡发花生米60克，红椒丝、净冬笋块、蒜末各适量。

调料 盐、料酒、干淀粉各适量。

做法 ❶猪瘦肉切丁，用盐、蛋清、料酒、干淀粉拌匀；泡发花生米下入油锅炸熟，捞起。

❷油锅烧热，下入肉丁滑热，盛起沥油备用；下入冬笋块、红椒丝煸炒，放入蒜末、肉丁、花生米，以大火翻炒几下，加盐调味即可装盘。

香炒四宝

材料 猪瘦肉150克，四季豆100克，干香菇5朵，胡萝卜半根。

调料 A.酱油、干淀粉各适量；B.酱油、辣椒酱、盐、香油各适量。

做法 ❶猪瘦肉洗净切丁，用调料A拌匀；四季豆氽烫捞出，切丁；香菇泡发洗净切丁；胡萝卜洗净切丁。

❷油锅烧热，先加入瘦肉丁炒熟，再加入香菇丁，爆香后加入四季豆丁、胡萝卜丁、调料B炒至入味，装盘即可。

胡萝卜炒肉丁

材料 猪瘦肉丁200克，胡萝卜丁、黄瓜丁、土豆丁各50克。

调料 黄色咖喱1小块，盐1小匙。

做法 ❶猪瘦肉丁入油炒至八成熟，盛起。

❷油锅烧热，放入胡萝卜丁、土豆丁翻炒，再放入肉丁、黄瓜丁一同翻炒至熟时拨到锅边。

❸锅中放入咖喱块，加少许水，用小火将咖喱化开后与所有材料合炒，最后加盐调味即可。

风味小炒

材料 猪五花肉150克，豆腐干2块，芹菜75克，虾米20克，蒜苗1根。

调料 黄酱、酱油、鸡精、辣椒油各1小匙，白糖半小匙，胡椒粉少许。

做法 ❶五花肉洗净切条；芹菜去叶，撕去老筋切段；蒜苗洗净切段。

❷豆腐干洗净切丝，放入油锅中炸香，捞出沥干。

❸干锅烧热，放入五花肉炒至出油，加入虾米炒香，再加入豆腐干及调料炒匀，最后加入蒜苗段及芹菜段炒熟即可。

泡菜炒五花肉

材料 韩国泡菜150克，带皮猪五花肉100克，蒜末1小匙。

调料 味精少许，香油1小匙。

做法 ❶五花肉洗净，切片；韩国泡菜切成和五花肉一样大小的片。

❷油锅烧热，放入五花肉片和蒜末，炒至肉变色后放入泡菜片，翻炒至材料熟透后，放入味精、香油调味即可。

肉香鹌鹑蛋

材料 猪肉100克，鹌鹑蛋10个。

调料 盐、酱油、干淀粉各适量。

做法 ❶猪肉洗净后剁成泥，加入干淀粉、盐、酱油拌匀入味。

❷鹌鹑蛋煮熟，捞出放凉，去壳。

❸将煮好的鹌鹑蛋放入肉泥中，裹一层肉糊备用。

❹油锅烧热，放入鹌鹑蛋炸熟即可。

红酒五花肉

材料 猪五花肉500克，冰糖200克，姜片、葱段、葱花各适量。

调料 红葡萄酒、盐、味精、胡椒粉各适量。

做法 ❶五花肉切成丁，放入沸水锅中汆烫，捞出备用；油锅下冰糖用小火炒至呈深棕红色且起大泡时，加水熬制成冰糖糖色，起锅待用。

❷油锅下姜片、葱段炒香，加盐、胡椒粉、冰糖糖色、红葡萄酒烧沸，放肉丁炒熟，加味精调味，撒上葱花即成。

冬瓜洋葱炒肉

材料 猪五花肉400克，冬瓜150克，洋葱20克。

调料 盐、味精、白糖各适量。

做法 ❶将冬瓜洗净，削皮，切薄片；洋葱剥去表皮，切片，五花肉切成片备用。

❷油锅烧热，下入五花肉煸炒至八分熟，放入冬瓜片、洋葱片翻炒，调入盐、白糖、味精，小火炒熟即可。

洋葱咖喱炒肉

材料 猪下巴肉150克，洋葱丝、红椒丝各适量，蒜末1小匙。

调料 咖喱粉1大匙，盐、白胡椒粉、白糖各少许，水淀粉适量。

做法 ❶猪肉洗净，切成薄片，用盐、白胡椒粉、少许水抓匀，腌渍10分钟。

❷油锅烧热，炒香蒜末，下猪肉片炒至变色，放入咖喱粉炒香，放入洋葱丝和红椒丝，再加入半杯水，用盐和白糖调味，大火炒匀，最后用水淀粉勾芡即可。

香干炒五花肉

材料 猪五花肉100克，香干50克，青椒、红椒各1个，蒜片、香菜各适量。

调料 红油、老抽、盐、料酒、白糖各少许。

做法 ❶将香干洗净，切成片；将五花肉切片；青椒、红椒均洗净，切块。

❷锅置火上倒油烧热，煸香蒜片，加入五花肉片煸炒出油，下入香干片、青椒块、红椒块翻炒至熟，加盐、料酒、白糖、老抽调味，淋红油，炒匀，出锅装盘，撒香菜。

回锅肉片炒蘑菇

材料 猪五花肉150克，鲜蘑菇100克，水发黑木耳10克，红椒1个，芹菜1根。

调料 盐、白糖、老抽、料酒、胡椒粉各适量。

做法 ❶将五花肉洗净，上笼蒸熟透，切片。

❷蘑菇、黑木耳分别洗净，撕成小片；红椒切片，芹菜切段。

❸锅置火上倒油烧热，爆香五花肉片，加入蘑菇片、黑木耳片、红椒片、芹菜段翻炒至熟，加盐、白糖、老抽、料酒、胡椒粉调味，装盘即可。

肘块炒萝卜干

材料 猪肘肉300克，萝卜干100克，红椒1个。

调料 老抽、白糖、盐、料酒各适量。

做法 ❶将猪肘肉入沸水中氽烫一下，捞出沥干；萝卜干切小块；红椒洗净，切片。

❷油锅烧热，将肘块皮面朝下炸香，捞出沥油切块。

❸锅内留底油，先下入萝卜干块炒香，再加入猪肘肉、红椒片翻炒，最后加盐、料酒、白糖、老抽调味，添加少许水，将肘块烧熟，用大火收汁即可。

椒香排骨

材料 猪排骨400克，鸡蛋1个，红椒、青椒、洋葱各少许，葱末、姜末各适量。

调料 盐、酱油、干淀粉、椒盐各适量，白糖少许。

做法 ❶排骨洗净，切小段，加葱末、姜末、干淀粉、盐、白糖、酱油腌渍1小时；红椒、青椒、洋葱分别洗净，切末。

❷鸡蛋磕破，取蛋液，加干淀粉调制成蛋面糊，将排骨段均匀裹上蛋面糊。

❸油锅烧热，将裹上蛋面糊的排骨段放入油锅炸至起酥，捞出控油。

❹锅留底油，继续加热，放入红椒末、青椒末、洋葱末、椒盐炒香，下炸好的排骨翻炒均匀，出锅即成。

萝卜烧排骨

材料 猪排骨300克，白萝卜200克，葱段、姜片、枸杞子各适量。

调料 水淀粉、酱油、料酒、盐、鸡精、白糖各适量。

做法 ❶猪排骨、白萝卜分别洗净，均切块。

❷排骨块入沸水中汆烫，捞出沥干。

❸油锅烧热，放入葱段、姜片和萝卜块，煸炒至上色，加入料酒、酱油、盐、鸡精、枸杞子、白糖和适量清水，放入排骨，大火烧开后转小火烧25分钟，待汁收浓时，加水淀粉勾芡即可。

椒麻猪肝

材料 熟猪肝300克，洋葱块、芹菜段各100克，红椒圈、葱丝各适量。

调料 辣椒油、胡椒粉、花椒、盐、鸡精、料酒、高汤、水淀粉各适量。

做法 ❶熟猪肝切片；将盐、鸡精、胡椒粉、水淀粉、高汤调汁备用。
❷油锅烧热，下入花椒、红辣椒圈爆香，倒入料酒，再放入猪肝片、洋葱块、芹菜段，倒入调好的汁烧至入味，以大火翻炒均匀，淋入辣椒油，撒上葱丝即可。

洋葱炒猪肝

材料 猪肝、洋葱块各250克，葱末、姜末各适量。

调料 酱油、盐、味精、料酒、花椒粉、淀粉、香油各适量。

做法 ❶猪肝切片，加少许盐、味精、料酒调味，再加干淀粉拌匀，下热油滑散滑透。
❷另起油锅烧热，下葱末、姜末炝锅，放洋葱块、花椒粉、盐、味精、酱油翻炒，再加猪肝片快炒，用水淀粉勾芡，淋香油即可。

菠菜炒猪肝

材料 菠菜100克，猪肝150克，蒜末、干辣椒段各适量。

调料 盐、鸡精、醪糟、干淀粉各适量。

做法 ❶菠菜洗净切段，入沸水中汆烫备用；猪肝切薄片后冲净，捞起沥干，加入醪糟、干淀粉抓匀，入沸水中汆烫备用。
❷油锅烧热，爆香蒜末、干辣椒段，放入猪肝片、菠菜段快炒，加入盐和鸡精调味即可。

笋香猪耳

材料 熟猪耳400克，莴笋100克，竹笋50克，蒜片少许。

调料 盐、味精、蚝油、香油各适量。

做法 ❶熟猪耳、莴笋、竹笋分别切丝。

❷将莴笋丝、竹笋丝汆烫，捞起沥干水分备用。

❸油锅烧热，下蒜片炒香，下入猪耳丝，调入盐、味精、蚝油，再下入莴笋丝、竹笋丝翻炒均匀，淋香油即可。

莴笋炒猪肝

材料 猪肝200克，莴笋250克，葱花、姜末、水发枸杞子各少许。

调料 盐、水淀粉、料酒、酱油各适量。

做法 ❶莴笋削皮洗净，沥干，切片；猪肝洗净，沥干，切片。

❷油锅烧热，下猪肝片炒散，依次放入葱花、姜末、料酒、酱油、盐、莴笋片翻炒至熟，淋入水淀粉勾芡，炒匀，撒水发枸杞子即可。

韭菜猪肝

材料 猪肝、韭菜各100克，蒜末、葱段、干辣椒丁各适量。

调料 A.酱油、料酒各1/2小匙，水淀粉1小匙；B.盐、白糖、醋各1/2小匙；C.香油适量。

做法 ❶猪肝洗净切成薄片，用调料A腌渍15分钟；韭菜洗净，切段。

❷油锅烧热，下猪肝片炒至变色，捞出沥油。

❸锅留余油，炒香蒜末、干辣椒丁、葱段、韭菜段、猪肝片、调料B，淋上调料C即可盛盘。

干红椒煸猪心

材料 猪心400克，香菜段30克，干辣椒段50克。

调料 盐、味精、料酒、干淀粉各适量。

做法 ❶ 猪心洗净，切条，加入料酒、盐、味精抓匀，腌渍10分钟。

❷ 猪心氽至八成熟，捞起后冲洗干净，控干水分，拍匀干淀粉备用。

❸ 油烧至八成热，下猪心炸至脆捞起，控净油。

❹ 锅内留底油，下入干辣椒段煸炒出香味，下入猪心翻炒均匀，撒入香菜段即可。

三色爆肚片

材料 猪肚250克，南瓜100克，红椒1个，青椒1个，葱1根，姜1小块，大蒜2瓣。

调料 盐1小匙，味精半小匙，白糖少许，葱油适量，水淀粉适量。

做法 ❶ 猪肚切菱形片，用沸水氽熟；红椒、青椒和南瓜切菱形片，氽烫备用；葱切段；姜切末；蒜切片待用。

❷ 热锅入油，放葱段、姜末、蒜片爆香，放入所有的材料、调料翻炒，淋明油出锅，装盘即成。

炒心花

材料 猪心1个，蒜苗1根，蒜片、葱末各适量。

调料 料酒、水淀粉、酱油各1大匙，白糖、醋各1小匙，味精、盐各适量。

做法 ❶ 猪心洗净，在肉面切十字刀纹，切块，加盐、水淀粉上浆；蒜苗洗净斜切成片。

❷ 猪心入油锅滑熟，捞出沥油。原锅留油，爆香葱末和蒜片，加料酒、酱油、白糖、味精及少许水，用水淀粉勾芡，倒入猪心、蒜苗炒匀，淋入醋和少许熟油即成。

香炒肚仁

材料 猪肚300克，红椒1个，葱段、蒜片、姜片各适量。

调料 盐适量，料酒、白醋、白糖、味精、鲜味汁各少许。

做法 ❶将猪肚洗净，切成条，入沸水汆烫，捞出沥干水分，备用；将红椒洗净，切菱形片。

❷油锅烧热，下入葱段、姜片、蒜片炒香，加入猪肚条、红椒片翻炒，加盐、味精、料酒、白醋、白糖、鲜味汁调味，炒至猪肚条熟透即可。

香芹腰花

材料 猪腰200克，芹菜300克，红椒1个，姜丝、葱段、姜片各适量。

调料 盐、料酒、辣鲜露、胡椒粉各少许。

做法 ❶猪腰去除筋膜洗净，剞花刀后切丝，加盐、料酒、胡椒粉、姜片腌渍。

❷将芹菜洗净，切段；将红椒洗净，切丝。

❸油锅烧热，爆香葱段、姜丝，加腰花丝翻炒至熟，下入芹菜段、红椒丝翻炒均匀，加盐、料酒、辣鲜露调味，装盘即可。

火爆腰花

材料 猪腰400克，冬笋片50克，水发黑木耳片30克，泡辣椒块、葱片、姜片、蒜片各适量。

调料 A.高汤、白糖、料酒、淀粉、酱油、醋、胡椒粉、盐、味精各适量；B.猪油适量。

做法 ❶猪腰去除筋膜洗净，剞花刀后切条，加适量盐、料酒、淀粉拌匀。

❷将调料A调成芡汁。

❸猪油烧热，下腰花条爆炒推散，下其他材料炒匀，烹芡汁，炒匀即可。

荷兰豆葱爆腰花

材料 猪腰200克，荷兰豆150克（去筋），葱段、姜丝、蒜片各适量。

调料 盐、鸡精、料酒、水淀粉、酱油、醋、香油各适量。

做法 ❶猪腰去除筋膜洗净，剞花刀，切条，加料酒和盐腌渍片刻后，加水淀粉上浆，下油锅滑散，捞出沥干，备用。

❷锅中留油，烧热，下葱段、姜丝、蒜片爆出香味，放入荷兰豆煸炒，放猪腰条、调料翻炒，淋上香油即可。

韭菜炒猪腰

材料 猪腰200克，韭菜100克，红椒1个，干辣椒段适量。

调料 花椒、料酒、酱油、辣椒酱、盐各适量。

做法 ❶猪腰去除筋膜洗净，切条；韭菜择洗干净，切段；红椒洗净之后切圈。

❷猪腰条放入加有料酒的沸水汆烫备用；油锅烧热，炒香花椒、红椒圈、干辣椒段，放入猪腰条和韭菜段，加入酱油、辣椒酱、盐调味，大火翻炒出香味即可。

酸豇豆炒腰花

材料 猪腰300克，酸豇豆150克，泡灯笼椒、蒜片、姜片各适量。

调料 盐、料酒、白糖、花椒、红油各适量。

做法 ❶将猪腰去除筋膜洗净，入沸水中汆烫一下，捞出洗净沥干，切片，剞花刀；酸豇豆切成段，备用。

❷锅置火上倒油烧热，爆香花椒、蒜片、姜片，加入酸豇豆段、泡灯笼椒炒香，下入猪腰片翻炒均匀，加盐、料酒、白糖调味，淋红油，装盘即可。

麻味腰花

材料 猪腰400克，莴笋50克，水发黑木耳25克，干辣椒碎适量。

调料 花椒油、酱油、盐、味精、料酒、鸡汤各适量。

做法 ❶猪腰去除筋膜洗净，切成两半，剞花刀，切块，入沸水中氽烫至熟，捞出沥干，备用。

❷莴笋去皮，洗净，切块。

❸黑木耳洗净，撕成小片，与莴笋片一起氽烫备用。

❹把所有调料调成味汁。

❺锅置火上，倒油烧热，将干辣椒碎炒香，下腰花、黑木耳片、莴笋片翻炒，倒入味汁炒匀即成。

黄花炒猪腰

材料 猪腰500克，黄花菜50克，姜丝、葱段各适量。

调料 盐、白糖、水淀粉各适量。

做法 ❶将猪腰处理干净，剞花刀切块，入沸水氽烫，捞出；黄花菜用水泡发，洗净，切段。

❷油锅烧热，先下葱段、姜丝进行煸炒，待炒出香味后，下猪腰爆炒。

❸待猪腰块变色熟透时，加黄花菜、盐、白糖煸炒，最后用水淀粉勾芡，收汁即可。

辣椒姜丝肥肠

材料 猪肥肠300克，青尖椒100克，酸菜丝80克，姜丝50克，蒜片适量。

调料 盐、味精、醋、水淀粉适量。

做法 ❶猪肥肠洗净，剥除油脂，翻面，用盐泡一夜后放入沸水中汆烫约5分钟，捞出洗净，冷水冲凉，切块。

❷油锅烧热，炒香姜丝、尖椒丝、蒜片，倒入猪肥肠块，以大火快炒，再放入盐、味精、醋翻炒数下后，用适量的水淀粉勾芡即可。

芹菜炒肥肠

材料 熟卤肥肠2根，芹菜3棵，葱1根，大蒜3瓣，青椒1/3个，胡萝卜、姜各10克。

调料 盐、白胡椒粉、鸡精各少许，酱油、香油各1小匙，醪糟1大匙。

做法 ❶熟卤肥肠切圈；芹菜、葱均洗净切小段；大蒜、青椒、姜、胡萝卜匀洗净，切薄片。

❷油锅烧热，放入做法❶中除肥肠圈外的所有材料，以中火爆香，然后加入肥肠圈和所有调料，以中火翻炒均匀即可。

干煸肥肠

材料 猪肥肠350克，干辣椒段100克，葱段、姜片各适量。

调料 花椒、盐、味精、料酒、白糖各适量。

做法 ❶猪肥肠洗净，加料酒、葱段、姜片及适量水煮至熟烂，捞出过凉，切条，备用。

❷油锅烧热，下入肥肠条炸至上色、皮脆捞出。

❸锅留少许底油，下入花椒、干辣椒段炒出香味，下入炸好的肥肠条、葱段、盐、味精、白糖，炒匀出锅即成。

红绿牛腱

材料 熟牛腱400克，黄瓜、红椒、西芹各50克。

调料 盐少许，味精、辣椒油、葱油各半小匙。

做法 ❶将黄瓜洗净，削去外皮，去籽，切条；西芹去除老黄叶，洗净，切条；红椒去蒂洗净，切条。

❷锅置火上，放入清水适量烧沸，将西芹条和红椒条用沸水汆烫，捞出冲凉。

❸熟牛腱切条，和黄瓜条、西芹条、红椒条及所有调料炒匀，装盘即成。

木耳笋片焖牛肉

材料 牛肉片500克，水发黑木耳、笋片各适量，葱段、姜片、蒜片各少许。

调料 料酒、酱油、冰糖、盐、大料、香油各适量。

做法 ❶牛肉片汆烫备用。

❷油锅烧热，放葱段、姜片、蒜片炝锅，放入牛肉片翻炒，加料酒、冰糖、酱油炒至上色，加清水没过牛肉，烧开后加入盐、大火转小火慢炖约1.5小时，至牛肉片熟烂，放黑木耳和笋片，用大火收汁，淋香油即可。

牛肉

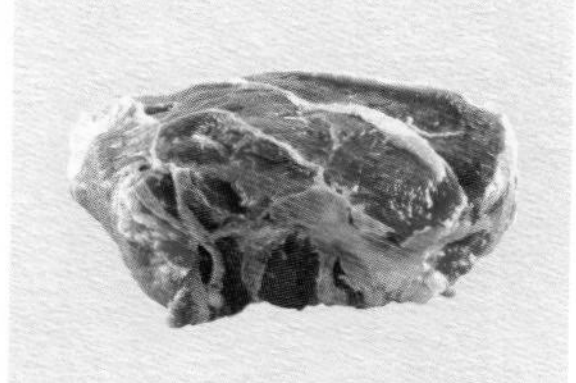

营养功效

◎提高机体抗病能力：牛肉含酪蛋白、白蛋白、球蛋白较多，因此食用牛肉能提高机体免疫力，增强体质。

◎补脾胃，益气血，强筋骨：牛肉有补中益气、滋养脾胃的功效，适用于虚损消瘦、腰膝酸软、水肿等症。

宜忌人群

✔体力劳动者、青少年宜食。

✔神经衰弱、头疼患者宜食。

✔贫血者宜食。

✖高胆固醇、高血压患者慎食。

西红柿土豆炒牛肉

材料 酱牛肉300克，土豆50克，西红柿150克，葱花、香菜段各少许。

调料 盐、味精、鸡精、白糖、番茄酱、香油各适量。

做法 ❶酱牛肉、西红柿分别切片；土豆去皮，切片备用。

❷油锅烧至五成热，下土豆片炸至金黄色捞出沥油。

❸另起油锅，下葱花爆香，放入土豆煸炒至八分熟，下入西红柿、牛肉片煸炒，调入盐、鸡精、白糖、味精、番茄酱，撒入香菜段，淋香油即可。

蚝油杏仁炒牛柳

材料 杏仁50克，牛柳300克，蛋清、姜末、蒜末各适量。

调料 水淀粉、盐、料酒、蚝油、酱油、白糖各少许。

做法 ❶杏仁用小火焙至表面微黄备用。

❷牛柳洗净切片，加入水淀粉、蛋清、盐、料酒腌渍15分钟。

❸将其余调料调成芡汁。

❹锅内放油烧热，爆香姜末、蒜末，下入牛柳片滑炒至八成熟，倒入芡汁快炒均匀，放入杏仁即可。

酸笋炒牛肉

材料 酸笋片200克，牛肉250克，青椒片、红椒片各50克，蒜蓉适量。

调料 鲜汤、盐、水淀粉、嫩肉粉、鸡精各适量。

做法 ❶牛肉去筋膜，切成薄片，加嫩肉粉、盐、水淀粉、水腌渍30分钟。

❷起锅热油，下入牛肉片滑熟，倒出沥油。

❸锅内留底油，下蒜蓉、酸笋片、青椒片、红椒片炒匀，加少许鲜汤，最后放牛肉片、盐、鸡精调味炒匀，装盘即可。

双鲜炒牛肉

材料 牛肉300克，鲜香菇4～5朵，鲜冬笋10克，姜丝、葱末各少许。

调料 盐、料酒、胡椒粉、淀粉、酱油各适量。

做法 ❶鲜冬笋、鲜香菇分别洗净、切片，入沸水中汆烫，捞出后沥干；牛肉切片，加盐、酱油、料酒、胡椒粉、淀粉拌匀。
❷油锅烧热，下姜丝、葱末炒香，放牛肉片炒散，捞出沥油。
❸烧热余油，下所有材料炒熟，加盐调味即可。

胡萝卜炒牛肉

材料 牛肉、胡萝卜各200克，青椒丝少许。

调料 A.盐适量；B.料酒、胡椒粉、酱油、淀粉各适量；C.水淀粉适量。

做法 ❶胡萝卜洗净，去皮切片；牛肉切片，加调料B拌匀，腌渍3～5分钟。
❷油锅烧热，放入牛肉片炒散，捞出沥油。
❸烧热锅内余油，放入青椒丝、胡萝卜片、调料A同炒，加牛肉片和少量水翻炒，用调料C勾薄芡，装盘即可。

滑蛋牛肉

材料 牛肉片100克，鸡蛋4个，葱15克。

调料 盐1/4小匙，醪糟1小匙，高汤80毫升，干淀粉2小匙。

做法 ❶牛肉片加入1小匙干淀粉抓匀，放入沸水中汆烫捞出过凉，沥干，备用；鸡蛋打散成蛋液；葱洗净切花。
❷牛肉片加入鸡蛋液、葱花搅拌均匀；将所有调料放入小碗中调匀，备用。
❸油锅烧热，将做法❷的材料、调料拌匀，倒入锅中，翻炒至蛋液凝固即可。

青豌豆炒牛肉

材料 鲜牛肉200克，青豌豆150克，杭椒50克。

调料 盐、味精、白糖、料酒、酱油各适量，干淀粉15克，香辣酱10克。

做法 ❶牛肉洗净沥干，切丁，加盐、干淀粉抓匀，腌渍10分钟。

❷杭椒洗净，切丁；青豌豆洗净，入沸水中汆烫断生，捞出沥干。

❸油锅烧热，下牛肉丁滑散，捞出控油。

❹锅中留油，继续加热，下香辣酱爆香，调入料酒，放入杭椒丁、牛肉丁、青豌豆翻炒，加白糖、盐、酱油调味，出锅前加入味精即可。

西红柿炒牛肉

材料 西红柿片100克，牛肉250克，姜片、葱段、干辣椒段各适量。

调料 盐、白糖、花椒、酱油、高汤、香油、料酒各适量。

做法 ❶将牛肉切片，加入盐、料酒、姜片、葱段腌渍半小时，入油锅炸至变色，捞出沥油。

❷油锅烧热，放入干辣椒段、花椒爆香，放入西红柿片翻炒入味，倒入高汤，放入牛肉片，加盐、酱油烧沸，用水淀粉勾芡，加白糖、味精、香油即可。

咖喱牛肉

材料 牛里脊肉250克，胡萝卜、青豆各50克，姜末、蒜末各适量。

调料 盐、料酒、酱油、水淀粉、咖喱粉、辣椒油、椰奶各适量。

做法 ❶ 牛里脊肉洗净，切片，加咖喱粉、辣椒油拌匀。

❷ 胡萝卜去皮，洗净，切丁；青豆洗净。

❸ 油锅烧热，下牛里脊肉片煸炒一会，捞起控油。

❹ 锅留底油，继续加热，下姜末、蒜末爆香，放入胡萝卜丁、青豆煸炒，再加入牛里脊肉片炒匀，调入料酒、酱油、盐、椰奶，熟时用水淀粉勾芡，出锅即成。

蚕豆炒牛肉

材料 牛肉250克，蚕豆150克，红椒30克，鸡蛋1个，葱花、姜末各适量。

调料 盐、味精、蚝油、干淀粉各适量。

做法 ❶ 蚕豆洗净，沥干，入沸水氽烫至熟；红椒洗净，切丁；鸡蛋打破，取蛋清。

❷ 牛肉洗净、切片，用蛋清、干淀粉上浆。

❸ 油锅烧热，下葱花、姜末爆香，放入牛肉片滑炒片刻，下蚕豆、红椒丁同炒，调入盐、蚝油入味，熟时加入味精，出锅即成。

鱼香牛肉

材料 牛里脊300克，芹菜末50克，油炸花生米碎、泡红辣椒末、姜末、蒜末、葱花各适量。

调料 A.盐、料酒、水淀粉各适量；B.盐、醋、水淀粉、酱油、白糖、味精各少许。

做法 ❶牛里脊洗净，切粗丝，加入调料A拌匀；将调料B调成味汁。

❷油锅烧热，炒散牛肉丝，炒香泡红辣椒末、姜末、蒜末，再加入芹菜末炒匀，烹入味汁，撒上葱花和碎花生米，炒匀即可。

牛肉片炒小油菜

材料 牛肉片200克，小油菜150克，大蒜3瓣，红尖椒1个，葱花少许。

调料 A.水淀粉、酱油各适量；B.盐、蚝油各适量。

做法 ❶牛肉片加调料A腌渍5分钟；蒜去皮拍碎；红尖椒洗净切斜段；小油菜洗净入沸水烫熟，捞出沥干后排入盘中。

❷炒锅烧油，倒入牛肉片，炒至变色，盛出沥油。

❸锅中留油1大匙，爆香蒜，放入牛肉、红辣椒快炒，加调料B调匀，盛在小油菜上，撒葱花即可。

芹菜牛肉

材料 芹菜、腰果、牛肉块各100克，胡萝卜1根，葱末、蒜末、姜末各适量。

调料 料酒、醋、盐、味精、高汤、水淀粉各适量。

做法 ❶芹菜、胡萝卜洗净，斜切段，汆烫备用。

❷腰果入油锅略炸备用。

❸锅留底油，烧热后先下入葱末、姜末、蒜末爆香，再下入牛肉块略炒，加料酒、高汤炒熟。

❹下入芹菜段、胡萝卜段、盐、味精、醋，用水淀粉勾芡，盛入盘中，撒腰果即可。

黑胡椒牛柳

材料 牛里脊250克，蒜末半大匙，洋葱1个，蘑菇片适量。

调料 A.料酒、酱油各1大匙，白糖、水淀粉各少许；B.黑胡椒酱1大匙，香油、酱油各适量。

做法 ❶ 牛肉切粗条，拌入调料A腌渍20分钟；洋葱切丝。

❷ 热油5大匙爆香蒜末，加牛肉条翻炒至熟，捞出备用。

❸ 锅留油烧热，炒香洋葱丝和蘑菇片，倒入牛肉条及调料B，快速拌炒即可。

泡菜爆牛柳

材料 牛肉300克，泡菜150克，红椒1个。

调料 酱油1大匙，淀粉适量，味精少许。

做法 ❶ 牛肉切片，以酱油及淀粉抓腌；红椒切片，备用。

❷ 起锅热油，放入牛肉片快炒至熟，倒入泡菜、红椒片、味精翻炒均匀，熄火盛出即可。

韭黄豆干炒牛肉

材料 牛肉丝100克，韭黄、豆干各80克，青椒丝、红椒丝各少许。

调料 盐1小匙，酱油、干淀粉、胡椒粉、味精各适量。

做法 ❶ 牛肉丝用酱油和干淀粉腌渍5分钟；韭黄洗净，切段；豆干切片。

❷ 油锅放入牛肉丝炒至变色后盛出，原锅中放入豆干片翻炒，加入青椒丝、韭黄段炒熟，再倒入牛肉丝，加剩余调料炒匀，撒上红椒丝即可。

牙签牛肉

材料 净牛柳肉长片250克，青椒块60克，熟芝麻10克，干红辣椒、蒜末、葱花各适量。

调料 料酒、白糖、盐、酱油、味精、胡椒粉、香油、干淀粉各适量。

做法 ❶牛柳肉长片用盐、料酒、干淀粉腌渍8分钟，用牙签串上。

❷油锅烧热，放牛肉串炸至变色捞出；炒香干红辣椒、蒜末、葱花，加入牛肉串、青椒块炒熟，再放入所有调料炒匀，撒上熟芝麻即可装盘。

空心菜炒牛柳

材料 牛肉250克，空心菜100克，姜丝、红椒丝、熟白芝麻各适量。

调料 盐、老抽、味精各适量。

做法 ❶牛肉洗净，切成薄片；空心菜择洗干净，择成寸段状，备用。

❷炒锅倒油烧热，下姜丝爆香，放入红椒丝略炒。

❸下入牛肉片，翻炒至牛肉变色，放入空心菜段略炒，并调入老抽、盐、味精炒匀即可，出锅前撒上白芝麻。

红滑牛肉

材料 牛肉片500克，鸡蛋8个，西红柿80克，葱花适量。

调料 盐、味精、胡椒粉各适量。

做法 ❶西红柿洗净，剁碎出汁备用；鸡蛋打散，加入味精、盐、胡椒粉、葱花和油拌匀成蛋浆。

❷锅内放油烧至四成热，放入牛肉片炒熟，捞出与蛋浆一起拌匀。

❸将炒锅放回火上，倒入拌匀蛋液的牛肉片和西红柿汁，边炒边加适量油炒匀即可。

芥蓝炒牛柳

材料 芥蓝150克，牛肉200克，姜片适量。

调料 盐、味精、白糖、水淀粉、香油各适量。

做法 ❶将芥蓝清洗干净、去叶、切长段；将牛肉洗净，切细条，用沸水氽烫至半熟。

❷锅内倒油烧热，放姜片煸香，放入芥蓝段和牛柳，加盐、白糖、味精炒至入味，用水淀粉勾芡，淋上香油即可。

杭椒牛柳

材料 杭椒150克，牛柳100克。

调料 味精、老抽、盐、料酒、香油各适量。

做法 ❶杭椒洗净拍松；将牛柳切条，加盐、味精、料酒腌渍入味。

❷锅置火上倒油烧热，下入牛柳条滑熟，捞出沥油；杭椒同样过油。

❸锅内留底油，下入杭椒、牛柳条翻炒均匀，加盐、老抽、料酒、味精调味，然后淋入香油，装盘即可。

洋葱炒牛柳

材料 牛肉条150克，洋葱1/2个，蒜末1小匙。

调料 A.酱油、白糖、干淀粉、嫩肉粉各适量；B.黑胡椒粉、蚝油各1大匙，盐、白糖各适量；C.水淀粉适量。

做法 ❶牛肉条加调料A腌渍30分钟；洋葱去皮，切丝。

❷牛肉条入油锅炒散，捞出；锅内留油，加蒜末、洋葱丝用小火炒至半熟，加入B料，再放入牛肉条，大火快炒均匀，以C料勾芡，即可出锅。

鱼香牛肝

材料 牛肝片150克，泡椒15克，青椒块、红椒块各少许。

调料 蒜汁、姜汁、葱汁、酱油、醋、白糖、水淀粉、料酒、盐和高汤各少许。

做法 ❶泡椒切丁。

❷炒锅中放2大匙油，烧热后将牛肝片放入爆一下，炒至变色时加料酒，下青椒块、红椒块、泡红辣椒丁及其他调味料（水淀粉除外），煸炒至熟且入味后，用水淀粉勾芡即可。

酸辣百叶

材料 牛百叶300克，泡菜100克，干辣椒3个，香菜末适量。

调料 料酒、醋各1大匙，高汤、盐、味精、香油、水淀粉各适量。

做法 ❶牛百叶洗净切丝；锅中放清水及少许盐烧沸，下牛百叶汆烫至熟，沥干。

❷油锅烧热，加牛百叶、干辣椒、泡菜、料酒、醋、盐、味精、高汤炒匀，最后用水淀粉勾芡，淋香油，撒香菜末即可。

百叶炒木耳

材料 水发黑木耳200克，牛百叶150克，红尖椒、青尖椒各30克，姜片适量。

调料 盐、味精、水淀粉各适量。

做法 ❶黑木耳洗净后切片；红尖椒、青尖椒洗净，去籽，切块。

❷将黑木耳片和红尖椒块、青尖椒块汆烫，捞起；将牛百叶洗净，切成大片，用沸水快速汆烫。

❸锅内倒少许油烧热，加姜片炒香，下全部材料炒2分钟，放入盐、味精调味后，用水淀粉勾芡即可。

洋葱鸡蛋炒羊肉

材料 熟羊肉300克，鸡蛋3个，新鲜洋葱50克，胡萝卜30克。

调料 盐、味精、白胡椒粉、醋、香油各适量。

做法 ❶熟羊肉切成小方丁；洋葱、胡萝卜分别去皮，洗净，切成小丁；鸡蛋打入碗内搅匀备用。

❷油锅烧热，下入洋葱丁、胡萝卜丁、熟羊肉丁煸炒，调入盐、白胡椒粉、醋、味精，再下入鸡蛋液迅速翻炒均匀，淋香油，装盘即可。

萝卜香菜炒羊肉

材料 熟羊肉350克，白萝卜150克，香菜10克，葱花少许。

调料 盐、味精、白胡椒粉、白糖、香油各适量。

做法 ❶熟羊肉切片；白萝卜洗净，切菱形片；香菜洗净，切段。

❷油锅烧热，下葱花爆香，放白萝卜片煸炒至八分熟，调入白糖、盐、白胡椒粉、味精，再下入熟羊肉片翻炒至软，淋香油，撒香菜段，炒匀即可。

羊肉

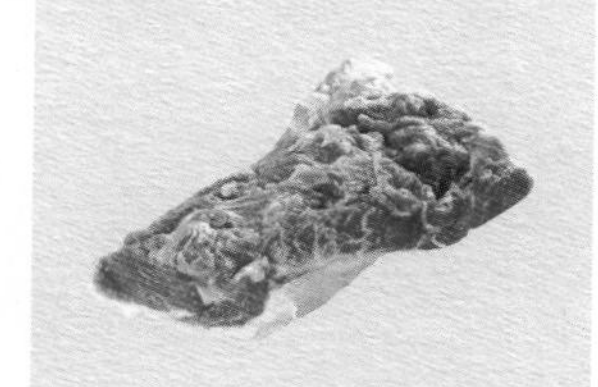

营养功效

◎补虚劳不足：羊肉加当归、生姜、红糖一并炖食，可以补虚疗损，对腰膝酸软、肢体不温、眩晕气短等有很好疗效。

◎冬令暖身：羊肉有温中散寒的作用，有助于冬令暖身。

宜忌人群

✔胃寒、肾虚阳衰患者宜食。

✔骨质疏松、腰膝酸软患者宜食。

✔夜盲症、视物昏花患者宜食。

✘感冒、牙痛患者忌食。

沙茶爆羊肉

材料 羊肉300克，青椒丝、香菇丝、洋葱丝、胡萝卜丝、蒜末各适量，姜半块。

调料 A.蛋清1个，淀粉、盐、白糖各少许；B.沙茶酱1大匙，辣椒、白糖、鲜鸡粉、酱油各1小匙，香油、料酒各少许。

做法 ❶羊肉洗净，切丝，加调料A腌10分钟。

❷油锅烧热，爆香姜丝、蒜末，加入除羊肉外的其他材料及调料B拌炒后，再放腌好的羊肉丝，炒入味即可。

孜香羊肉

材料 羊里脊肉500克。

调料 盐、鸡精、料酒、孜然粉、辣椒粉、花椒粉、面包糠各适量。

做法 ❶羊里脊肉洗净，切厚片，加料酒、盐腌渍15分钟，然后均匀地裹上面包糠。

❷油锅烧热，下羊肉片，炸至发白后捞出控油。

❸锅留底油，继续加热，下辣椒粉、花椒粉、孜然粉炒香，加适量水烧开，放入羊里脊肉片快速翻炒，炒至汤汁收干，放入鸡精，装盘即可。

葱爆羊肉

材料 羊肉片300克，西葫芦片100克，蒜末半小匙，葱段适量。

调料 胡椒粉、盐各少许，白糖、鸡精各适量，香油、酱油、料酒各1大匙，白醋1小匙。

做法 ❶羊肉片加酱油、胡椒粉、盐、料酒、油腌渍，在油锅中滑炒后装盘；西葫芦片用盐腌渍。

❷另起油锅烧热，倒入羊肉片、蒜末，用大火炒数下，放葱段、西葫芦片、白糖、鸡精、盐、香油、白醋，迅速炒匀即可。

养生菇炒羊肉片

材料 羊肉片100克，洗干净的杏鲍菇、香菇、金针菇各30克，葱花20克，姜丝15克。

调料 盐、白糖、白胡椒粉各适量，酱油、醪糟各1大匙，香油1小匙。

做法 ❶将杏鲍菇、香菇切小块；金针菇切成段，备用。

❷油锅烧热，放入姜丝爆香，加羊肉片翻炒，再放入做法❶中的所有菇类，加所有调料炒熟，撒上葱花即可。

爆炒羊肉片

材料 羊肉300克，洋葱1个，红椒丝、姜丝、葱末各适量。

调料 盐、料酒、胡椒粉、酱油、干淀粉各适量，面酱2小匙。

做法 ❶洋葱洗净，切片；羊肉切薄片，加酱油、料酒、胡椒粉、干淀粉腌渍片刻。

❷油锅烧热，放入姜丝、面酱同炒，加入羊肉片快速翻炒至八成熟，加入洋葱片、红椒丝同炒至肉熟透，加盐调味即可。

南瓜炒羊肉丝

材料 羊肉丝150克，南瓜丝100克，洋葱丝、青椒丝、红椒丝各少许。

调料 面豉酱1大匙，盐、料酒、胡椒粉、酱油、淀粉各适量。

做法 ❶羊肉丝加盐、酱油、料酒、胡椒粉、淀粉拌匀，腌渍片刻。

❷油锅烧热，下面豉酱翻炒，再加入羊肉丝炒至八成熟，捞出沥油。

❸烧热余油，下洋葱丝、南瓜丝、盐炒香，加羊肉丝炒熟，撒上青椒丝、红椒丝即可。

胡萝卜炒羊肉丝

材料 羊肉300克，胡萝卜1根，葱、姜各适量。

调料 盐、香油、料酒、水淀粉各适量。

做法 ❶羊肉洗净，切丝；胡萝卜去皮，切丝；姜洗净，切丝；葱洗净，切段。

❷羊肉丝放锅中，加水、料酒稍煮；胡萝卜丝用沸水稍煮，捞起沥干。

❸油锅烧热，加姜丝、羊肉丝、胡萝卜丝、葱段，加料酒稍爆，再加盐，用水淀粉勾芡，最后加香油即可。

辣香羊肉丝

材料 羊肉300克，红尖椒100克，葱花少许，姜丝适量。

调料 酱油1小匙，料酒、盐、白糖、水淀粉、香油各适量。

做法 ❶将羊肉洗净，切成丝，加入酱油、料酒，拌匀腌渍；红尖椒去籽切细丝。

❷油锅烧至五成热，下羊肉丝炒散，再下姜丝、红尖辣椒丝炒至断生，加入盐、白糖翻炒数下，用水淀粉勾芡，淋香油炒匀，撒葱花即可。

羊肉炒鱼丝

材料 羊肉丝300克，青鱼肉丝100克，葱段、姜片、蒜片、蛋清各适量。

调料 盐、花椒水、味精、胡椒粉、水淀粉、料酒各适量。

做法 ❶分别将羊肉丝与青鱼肉丝加蛋清上浆。

❷所有调料调成芡汁。

❸分别将羊肉丝、鱼丝滑油。

❹锅留底油，放入葱段、姜片、蒜片炝锅，倒入肉丝及鱼丝，淋入芡汁，炒熟即可。

嫩姜羊肉丝

材料 羊肉400克，芹菜1根，嫩姜、泡椒末各适量。

调料 A.高汤、盐、酱油、味精、醋、香油各适量；B.盐半小匙，料酒半大匙，水淀粉2大匙。

做法 ❶羊肉洗净切丝；嫩姜去皮洗净切成细丝；芹菜切成小段；调料A调匀成味汁；羊肉丝与调料B拌和均匀。

❷炒锅热油，放入羊肉丝快速翻炒至发白，放入泡椒末炒香，加姜丝、芹菜段炒熟，倒入味汁收浓，加亮油出锅即成。

山楂羊腩

材料 羊腩肉150克，芹菜100克，山楂15克，葱段、姜片、泡发枸杞子各适量。

调料 盐、鸡精各适量，料酒1大匙。

做法 ❶羊腩肉洗净，切成3厘米见方的片；芹菜去叶及老梗，洗净后切成3厘米长的段；山楂洗净，切片备用。

❷油锅烧热，先下入葱段、姜片炒香，再放入羊肉片略炒，然后烹入料酒，下入芹菜段、山楂片翻炒至熟，再加入盐、鸡精炒至入味，撒枸杞子即可。

荸荠炒羊肝

材料 羊肝250克，荸荠片150克，胡萝卜片50克，鸡蛋清2小匙，姜片、葱段各适量。

调料 白糖、生抽、料酒、水淀粉、香油、胡椒粉、盐、味精各适量。

做法 ❶羊肝洗净，切片，放入少许盐、味精、鸡蛋清腌渍10分钟。

❷油锅烧热，爆香姜片、葱段，放羊肝片、胡萝卜片、荸荠片，淋入料酒，调入盐、味精、白糖、生抽、香油、胡椒粉炒匀，用水淀粉勾芡即可。

山椒洋葱炒羊肠

材料 熟羊肠400克，山椒100克，洋葱50克，剁椒、蒜片各少许。

调料 盐、味精、白糖、蚝油、香油各适量。

做法 ❶羊肠洗净，切段；山椒冲洗干净；洋葱洗净，切条。

❷将羊肠放入沸水中汆烫，捞起沥干水分备用。

❸油锅烧热，下入山椒、洋葱条、蒜片、剁椒炒香，再下入羊肠，调入蚝油、盐、白糖、味精翻炒均匀，最后淋香油，装盘即可。

泡椒羊杂

材料 羊肠、羊心、羊肺各150克，莴笋100克，泡姜、泡椒各适量。

调料 豆瓣酱、盐、味精、白糖、水淀粉各适量。

做法 ❶羊肠、羊心、羊肺洗净，入沸水中煮熟，捞出冲凉，切片。

❷泡姜、泡椒切末；莴笋去皮，洗净，切片。

❸锅内放油，炒香泡姜末、泡椒末，加豆瓣酱、羊杂略炒。放入莴笋片、盐、味精、白糖翻炒至莴笋片熟透，用水淀粉勾芡即可。

炒羊肚丝

材料 羊肚丝250克，芹菜段50克，竹笋丝200克，红辣椒丝、蒜泥各适量。

调料 A.盐少许，高汤、味精、酱油、料酒各适量；B.水淀粉1大匙，香油1小匙。

做法 ❶羊肚丝汆熟备用。

❷炒锅倒油烧热，放入羊肚丝略炒，再放入红辣椒丝、蒜泥一起拌炒均匀。

❸然后放入芹菜段、竹笋丝及A料（除高汤外），边炒边加入高汤。起锅前用水淀粉勾芡，淋入香油即可。

双椒鸡丝

材料 鸡丝200克，青椒1个，红椒2个，大蒜3瓣。

调料 A.料酒、酱油各1大匙，盐、醋各半小匙，白糖1小匙，胡椒粉少许；B.水淀粉半大匙。

做法 ❶青椒、红椒分别洗净，去籽切丝；大蒜去皮，切碎末。

❷鸡丝用油滑炒备用。

❸锅内留余油，炒香蒜末，再放入青椒丝、红椒丝及鸡丝同炒，加入调料A炒匀，再用调料B，勾芡即可。

鲜姜炒鸡丝

材料 熟鸡胸肉250克，泡子姜100克，青椒、红椒各半个。

调料 酱油1大匙，盐1小匙，味精少许。

做法 ❶熟鸡肉用手顺纹理撕成粗丝；泡子姜切丝备用；青椒、红椒去蒂和籽，洗净切丝。

❷锅内放油烧热，放入鸡丝、酱油煸炒至上色。加入青椒丝、红椒丝、泡姜丝、盐、味精，炒至入味即可。

鸡肉

营养功效

◎增强体力，强壮身体：鸡肉中的蛋白质含量比例较高，种类多，而且消化率高，很容易被人体吸收利用，有强身健体的作用。

◎改善营养不良、贫血等症：鸡肉对营养不良、畏寒怕冷、乏力疲劳、月经不调、贫血等均有很好的改善作用。

宜忌人群

✔营养不良、贫血者宜食。

✔产后血虚、乳少者和孕妇宜食。

✘尿毒症、发高烧者忌食。

鲜笋炒鸡丝

材料 鸡脯肉300克，鲜笋150克，蒜苗、蛋清各适量。

调料 盐、味精、料酒、水淀粉、鸡汤各少许。

做法 ❶将鸡脯肉洗净，切成细丝，再加水淀粉、蛋清和盐抓匀，下油锅中滑散，捞出沥油备用。

❷鲜笋洗净切细丝，汆烫，捞出备用；蒜苗洗净，切成段。

❸油锅烧热，放入蒜苗段和笋丝稍炒，然后放入鸡丝，加盐和鸡汤、料酒、味精调味，炒匀即可。

荸荠鸡丁

材料 鸡肉丁250克，去皮荸荠100克，鸡蛋1个，青椒、红椒各1个。

调料 A.水淀粉1小匙、料酒15克；B.白糖、油、料酒、盐、味精各1小匙；C.香油少许。

做法 ❶鸡肉丁加鸡蛋和调料A抓匀腌渍片刻；荸荠、青椒、红椒切块。

❷鸡丁滑油片刻盛出。

❸炒锅中下少许油，将鸡丁和荸荠块加调料B快速翻炒，最后下青椒块、红椒块炒熟，勾芡，淋香油即可。

黄瓜鸡丁虾仁

材料 去骨鸡胸肉200克，净虾仁100克，净黄瓜块、腰果、红辣椒末各适量。

调料 A.盐、干淀粉各1大匙；B.干淀粉1大匙；C.水淀粉、盐、味精各适量。

做法 ❶鸡胸肉洗净切成丁，加调料A抓拌均匀，腌渍10分钟；虾仁洗净，用调料B抓拌均匀。

❷油锅烧热，将鸡丁炸至金黄色；虾仁炒熟，盛起。

❸原锅留油，爆香红辣椒末，再放鸡丁、调料C翻炒均匀，加黄瓜块、腰果、虾仁炒匀即成。

甜椒鸡丁

材料 鸡胸肉200克，洋葱丁、青椒丁、红椒丁各30克，蒜末适量。

调料 A.盐、蛋液、干淀粉各适量；B.醪糟、白糖各适量；C. 豆豉、水淀粉各适量。

做法 ❶鸡胸肉切丁，用调料A拌匀腌渍15分钟。❷油锅烧热，放入鸡丁过油至变色，捞出沥油；小火炒香蒜末、豆豉，放入洋葱丁，青椒丁、红椒丁，鸡丁翻炒数下后加调料B大火炒匀，水淀粉勾芡即成。

雪菜青豆鸡丁

材料 鸡肉丁120克，熟青豆80克，雪菜40克，红辣椒1个。

调料 A.酱油、干淀粉各适量；B.鸡精、盐、胡椒粉、醪糟各适量。

做法 ❶鸡肉丁用调料A腌渍15分钟；雪菜洗净，切成末；红辣椒洗净，切成圈。❷油锅烧热，放入熟青豆炒香，加入鸡肉丁及雪菜末炒熟，再放入调料B翻炒均匀，盛出用红辣椒圈点缀即可。

枸杞萝卜炒鸡丝

材料 鸡肉丝150克，白萝卜丝200克，枸杞子、蒜末、葱段各适量。

调料 盐少许，水淀粉、香油各适量。

做法 ❶油锅烧热，下入鸡肉丝炒至八成熟，倒出备用。❷锅内留油，爆香蒜末，加白萝卜丝，用中火炒至八成熟，加入鸡肉丝、葱段、枸杞子，调入盐炒匀，用水淀粉勾芡，淋入香油，撒葱段即可装盘。

双花炒鸡球

材料 鸡肉300克，菜花、西蓝花各适量，香菇3朵，姜末适量。

调料 盐、料酒、胡椒粉、酱油、水淀粉、干淀粉各适量。

做法 ❶菜花、西蓝花切朵，香菇切块，分别放入沸水中汆烫；鸡肉切花，加少量油拌匀，依次加入酱油、料酒、胡椒粉、干淀粉腌渍，入油锅炒熟捞出。

❷锅中入姜末煸香，入菜花、西蓝花、香菇块、鸡肉、再调入盐翻炒入味，勾芡即可。

茭白双椒炒鸡米

材料 茭白1根，鸡胸肉1块，青椒、红椒各1个。

调料 料酒、生抽各1大匙，蛋清适量，盐、白糖各1小匙，鸡精少许。

做法 ❶茭白去掉外层厚皮，洗净后切小丁；青椒、红椒去蒂和籽洗净，切小丁；鸡胸肉洗净切碎，调入料酒、盐半匙、油和蛋清，腌10分钟。

❷油锅烧至八成热时，入鸡肉粒炒至发白，放茭白丁、青椒丁、红椒丁、生抽、白糖和剩余盐，炒熟后，撒鸡精即可。

小炒鸡米

材料 鸡胸肉200克，豌豆4大匙，蛋清、葱末、姜末、蒜泥各适量。

调料 料酒、白糖、盐、淀粉、白胡椒粉、味精、香油各适量。

做法 ❶鸡胸肉洗净，切小粒，放入碗中，加料酒、盐、白胡椒粉、蛋清、淀粉拌匀腌渍；豌豆洗净，放入沸水中煮熟。

❷起锅热油，放入鸡肉粒炒至肉变色时，放入豌豆、葱末、姜末、蒜泥、白糖、味精、香油炒熟，装盘即可。

鸡米芽菜

材料 鸡肉200克，青椒丁、干辣椒丁、蛋液、碎米芽菜、姜末各适量。

调料 料酒10克，胡椒粉1小匙，干淀粉适量，盐少许。

做法 ❶鸡肉洗净，沥干，切碎，放入碗中，加蛋液、干淀粉、盐、姜末、胡椒粉充分拌匀。
❷油锅烧热，炒香干辣椒丁，放鸡肉碎粒以大火炒至七成熟，下青椒丁、碎米芽菜炒至熟，加盐调味炒匀即可。

双椒鸡脯

材料 鸡胸肉片300克，红椒片、青椒片各60克，姜3片，玉米笋片25克。

调料 A.盐、味精各少许，蛋清1大匙，水淀粉1大匙；B.料酒1大匙，盐、味精、白糖各适量，高汤3大匙，水淀粉1大匙，盐、香油各少许。

做法 ❶鸡胸肉片加调料A拌匀腌渍，过油备用。
❷将玉米笋片、红椒片、青椒片汆烫。
❸少许热油将姜片爆香，加入调料B，煮开时加剩余材料同时拌炒即成。

芹菜炒鸡片

材料 鸡肉片250克，姜丝、芹菜段、红椒条、黑木耳条、葱花各适量。

调料 盐、水淀粉各适量，香油、胡椒粉各少许。

做法 ❶鸡肉片加盐、水淀粉拌匀，入油锅炒至八成熟，倒出备用。
❷另起油锅烧热，放入姜丝、芹菜段、红椒条、黑木耳条翻炒，加入鸡肉片，调入盐、胡椒粉，用中火炒透，用水淀粉勾芡，淋入香油，撒入葱花即可。

木瓜鸡片

材料 鸡胸肉片250克，木瓜50克，芦笋25克，蛋清少许。

调料 A.盐适量，水淀粉2大匙，胡椒粉1小匙；B.盐适量，鸡精少许。

做法 ❶木瓜去皮、子，切片；芦笋去皮及老根，切片，汆烫备用。

❷鸡胸肉片加调料A、蛋清拌匀，腌渍10分钟。

❸锅内放油烧热，放入鸡肉片滑炒至色白，加入木瓜片、芦笋片和调料B，炒至入味即可。

尖椒玉米爆鸡丁

材料 鸡肉200克，嫩玉米粒100克，红椒1个，葱花少许。

调料 盐、鸡精各少许，水淀粉适量。

做法 ❶鸡肉洗净切丁，加水淀粉上浆；红椒洗净切丁；嫩玉米粒洗净。

❷油锅烧热，下鸡丁滑散，加入红椒丁和嫩玉米粒炒熟，调入盐、鸡精炒匀入味，用水淀粉勾芡，撒葱花即成。

木耳炒鸡丝

材料 鸡胸肉200克，水发黑木耳80克，红椒丝、蒜末、葱段各适量。

调料 A.蛋清、干淀粉各适量；B.醪糟、高汤、盐、胡椒粉各适量；C.香油适量。

做法 ❶鸡胸肉切成丝，用调料A腌渍15分钟；黑木耳切丝；油锅烧热，将鸡肉丝过油捞出，沥油。

❷油锅烧热，炒香蒜末、红椒丝、葱段，加入黑木耳丝、鸡肉丝以大火翻炒，加调料B快炒，淋香油即可。

豌豆炒鸡片

材料 鸡胸肉片250克，熟豌豆50克，洋葱片、蛋清、蒜末各适量。

调料 盐、白糖、料酒、水淀粉、番茄酱、面粉各适量。

做法 ❶鸡胸肉片，加料酒、少许盐、面粉、蛋清拌匀腌渍片刻，下油锅滑散，捞出控油。

❷锅留底油，下蒜末爆香，加入洋葱片快炒，再放入剩余的盐、白糖、番茄酱、适量水，倒入鸡肉片、豌豆，烧至汤汁浓稠时，用水淀粉勾芡即可。

山药炒鸡肉

材料 鸡肉片300克，山药片250克，红枣、香菜段各适量。

调料 盐、料酒、胡椒粉、酱油、淀粉各适量。

做法 ❶鸡肉片依次加少量油、酱油、料酒、胡椒粉、干淀粉腌渍10分钟；红枣洗净，用水泡发。

❷鸡肉片入油锅炒至八成熟备用。

❸锅中留油放入山药片、盐同炒，加水焖至入味，再加入鸡肉片、红枣同炒至熟透，用水淀粉勾薄芡，撒上香菜即可。

咖喱鸡块

材料 嫩鸡块400克，土豆块150克，葱末50克，蒜泥、葱丝各适量。

调料 盐、料酒、味精、咖喱粉、面粉各适量。

做法 ❶鸡块汆烫备用；土豆块入油锅炸至金黄色，捞出沥干。

❷锅内留少许油烧热，下咖喱粉、面粉、蒜泥炒出香味，再下葱末煸炒数下，加入水、鸡块、料酒烧开，用小火煨至鸡块熟透，放入土豆块，加入盐、味精调味，淋上熟油，撒上葱丝即可。

豆豉香辣鸡

材料 净童子鸡1只，葱段、姜片各少许。

调料 豆豉香辣酱、盐、鸡精、料酒、白糖、水淀粉各少许。

做法 ❶将鸡洗净，剁成块，放入沸水锅中氽烫，捞出，沥干水分。

❷起锅热油，下葱段、姜片炒出香味，放入鸡块、料酒、豆豉香辣酱煸炒，加入盐、鸡精、白糖及少许清水，用大火烧沸，改用小火焖熟烂。

❸待汤汁收浓，用水淀粉勾芡，淋少许熟油即成。

干辣椒炒鸡

材料 童子鸡1只（切块），姜片、蒜片、白芝麻各适量，干辣椒段1碗。

调料 花椒、陈皮、盐、白胡椒粉、白糖、料酒、味精各适量。

做法 ❶鸡块加姜片、蒜片、料酒、盐、白糖、白胡椒粉腌渍2小时。

❷锅内放油烧至七成热，放入腌渍好的鸡块煸炒至鸡肉变干。

❸加入陈皮和盐一起翻炒2分钟，再加入花椒和干辣椒段炒至辣椒香脆，放入白芝麻、味精炒匀即可。

炒仔鸡

材料 仔鸡1只，甘薯丁、洋葱块、圆白菜叶各适量。

调料 盐、老抽、蚝油、料酒各适量。

做法 ❶仔鸡洗净，去头、翅、腿，鸡身斩块，加盐、老抽、料酒腌渍入味；圆白菜叶剪成小圆片。

❷油锅烧热，下入鸡头、翅、腿炸香备用；鸡肉块入油锅中滑散，沥油。

❸锅内留底油，炒熟洋葱块、甘薯丁，加鸡肉块，调入盐、蚝油，出锅装在圆白菜叶上即可。

鸡柳黄花菜

材料 鸡胸肉150克，泡发黄花菜50克，豆腐干、姜片、蒜末、红椒块各适量。

调料 盐、鸡精、水淀粉、白胡椒粉各少许，香油、蚝油各1小匙，料酒1大匙。

做法 ❶鸡肉切条，加盐、水淀粉腌渍，用油炒散备用；豆腐干切条；黄花菜汆烫备用。

❷油锅烧热，爆香姜片、蒜末和豆腐干条，加黄花菜、红椒块和鸡肉条用大火快炒，加剩余调料调味即可。

醋炒鸡柳

材料 鸡胸肉300克，莴笋条100克，泡红椒、姜片、蒜末、葱段各少许。

调料 A.盐、水淀粉各适量；B.盐、高汤、白醋、酱油、鸡粉、料酒各适量。

做法 ❶鸡胸肉洗净，切成小条，加调料A腌渍10分钟；泡红椒去蒂、籽，剁成蓉。

❷油锅烧热，放入鸡条炒散，再加入泡红椒蓉、姜片、蒜末、葱段炒香。

❸加入莴笋条炒至断生，将调料B调匀后烹入锅中，炒至入味即可。

芝香鸡柳

材料 去骨鸡胸肉500克，红椒3个，熟白芝麻1大匙，蒜末适量。

调料 A.盐、干淀粉各适量；B.醪糟、盐各适量。

做法 ❶鸡胸肉洗净，切成粗长条状，用调料A拌匀，腌渍约5分钟；红椒洗净，去蒂、去籽后切成细丝，备用。

❷油锅烧热，放入鸡肉条翻炒数下，再放入蒜末、调料B，炒至汁收干。

❸放入红椒丝翻炒至熟，最后放入熟白芝麻翻炒均匀，即可装盘。

腰果鸡骨肉

材料 鸡骨肉500克，腰果80克。

调料 盐、叉烧酱、鸡精各适量。

做法 ❶ 将鸡骨肉洗净，加盐、叉烧酱抓匀。

❷ 锅置火上倒油烧热，放入鸡骨肉过油，捞出沥油后装盘，备用。

❸ 另起锅热油，先放入腰果炒香，再加入鸡骨肉、盐、鸡精炒至入味，装盘即可。

椒香粒粒脆

材料 鸡脆骨300克，干辣椒段10克，姜片10克，葱段5克。

调料 A.盐、味精、鸡精各少许，蛋清、料酒、淀粉各适量；B.干花椒、青花椒各5克；C.辣椒油、花椒油、香油各少许。

做法 ❶ 鸡脆骨洗净，加调料A腌渍入味；鸡脆骨入油锅炸香备用。

❷ 锅内放油烧热，爆香干辣椒段、姜片、葱段、调料B，下入鸡脆骨，加盐、味精、鸡精调味，翻炒均匀，出锅淋调料C即可。

脆骨荷兰豆

材料 鸡脆骨300克，荷兰豆50克，青尖椒20克。

调料 盐、味精、水淀粉各适量。

做法 ❶ 鸡脆骨洗净切成块，加盐、味精、水淀粉，腌渍10分钟左右。

❷ 锅置火上，倒油烧热，下鸡脆骨炸熟待用；荷兰豆切菱形块；青尖椒洗净，切片。

❸ 油锅烧热，炒香青尖椒块，放入荷兰豆块、鸡脆骨，加入盐、味精翻炒均匀入味，用水淀粉勾芡，淋明油，装盘即成。

豆豉蒜末鸡翅

材料 鸡翅中10只，豆豉3大匙，蒜末适量。

调料 A.白糖半小匙、酱油、料酒、淀粉各1大匙； B.鸡精、盐各半小匙。

做法 ❶ 翅中与调料A腌拌至入味，蘸上淀粉，入油锅炸至金黄色。

❷ 将豆豉用少许油和白糖炒香。

❸ 油锅烧至七成熟时，将蒜末放入爆香，然后放入豆豉及调料B拌匀，再放入翅中炒匀即可。

下厨小帖士

鸡翅是整个鸡身最鲜嫩可口的部位之一。其分为翅尖、翅中、翅根3部分。但是不能吃太多鸡翅，尤其是鸡翅尖，因为鸡翅尖容易残留生长激素，对人体有害。

开胃凤爪

材料 鸡爪250克，酸菜200克，泡椒、小红椒、葱丝、姜片、蒜片各少许。

调料 盐、味精、鸡精、料酒、醋各适量。

做法 ❶ 将鸡爪剪去趾尖，氽烫备用；酸菜洗净切段；小红椒洗净去蒂。

❷ 油锅烧至四成热，下姜片、蒜片炝锅，再放入泡椒、料酒煸香，加清水、鸡爪和酸菜翻炒。

❸ 待汤汁收干时加盐、味精、鸡精、醋调味，放小红椒一起翻炒均匀，装盘撒葱丝即可。

干煸卤鸡爪

材料 鸡爪300克，青椒片、姜片、干辣椒、葱末各适量。

调料 卤水、料酒、花椒、盐各适量。

做法 ❶鸡爪洗干净，入沸水中略汆烫，再放入卤水锅中煮至软熟，捞出切成两半。

❷干辣椒洗净，切段。

❸油锅烧热，放入干辣椒段炒香，再放花椒、料酒、姜片、葱末、青椒片、鸡爪一起煸炒出香，加盐调味即可。

雪菜炒鸡胗

材料 鸡胗12个，雪菜150克，红椒片50克，葱段、姜片各适量。

调料 高汤、盐各适量，大料4粒，料酒30克，白糖少许。

做法 ❶将高汤、葱段、姜片、大料、部分盐与料酒一同放入锅内，大火煮沸，然后放鸡胗，小火煮，熄火后焖1小时。

❷油锅烧热，将雪菜段及红椒片略炒，加入盐、白糖调味，拌匀。鸡胗切片装盘内，四周围放雪菜及红辣椒片便可。

白椒鸡杂

材料 鸡心、鸡胗、鸡肝、白椒、芹菜段各50克，葱花、姜末各适量。

调料 盐、味精、白糖、酱油、料酒、淀粉各适量。

做法 ❶鸡心、鸡胗、鸡肝洗净、切块，用盐、味精、淀粉略拌。

❷油锅烧至八成热，葱花、姜末炒香，放入鸡杂煸炒至六成熟，盛出备用。

❸锅内留底油，放入芹菜段、白椒略炒，加鸡杂、白糖、味精、酱油、料酒，炒至入味即可。

姜椒爆鸭丝

材料 熟烤鸭肉350克，嫩姜100克，红椒50克。

调料 酱油、料酒、白糖各适量。

做法 ❶将烤鸭肉切成均匀粗细的丝；嫩姜去皮，洗净，切细丝；红椒洗净，切细丝。

❷炒锅中注油，烧至八成热，下鸭肉丝爆炒，加入姜丝、红椒丝煸炒至断生，再加入酱油、料酒、白糖炒匀至出香味，出锅即可。

胡萝卜爆鸭丝

材料 烧鸭或卤鸭600克，姜丝50克，笋丝40克，胡萝卜丝、芹菜丝各30克，蒜片、红辣椒丝各30克。

调料 料酒、生抽、盐、白糖、醋、香油各适量。

做法 ❶鸭骨剔除，取全部鸭肉，连皮切丝。

❷油锅烧热，下蒜片、红辣椒丝爆香，加鸭丝、姜丝、笋丝及胡萝卜丝，大火翻炒，淋料酒及生抽、盐、白糖调味，拌炒数下后再淋入醋、香油即可。

鸭肉

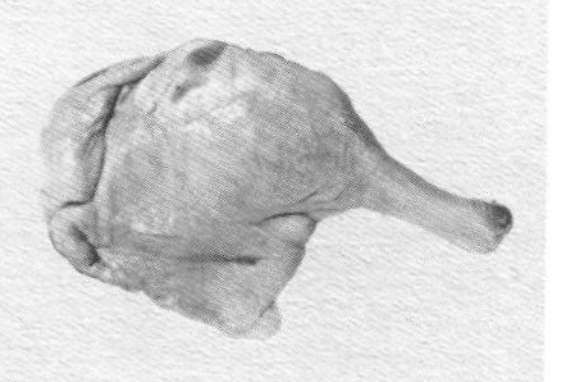

营养功效

◎护肤美容：鸭肉含有较多的维生素B_2，有护肤、美肤作用的食品。

◎健体抗衰：鸭肉中的B族维生素和维生素E含量比较多。维生素E则具较强的抗氧化性，有助于人体多余自由基的清除，可起到抗衰老的作用。

宜忌人群

✔体热上火、盗汗、遗精者宜食。

✔心血管疾病患者宜食。

✔月经量少的女性宜食。

✘感冒患者忌食。

核桃仁炒鸭肉

材料 鸭肉250克，核桃仁150克，青椒丝、红椒丝、葱末、姜末各适量。

调料 盐、味精、蚝油、蛋清各适量。

做法 ❶鸭肉切块，加蛋清抓匀。

❷油锅烧至两成热，下入鸭肉滑散至熟，捞起沥油，再加入少许色拉油烧热，下入核桃仁，小火炸至金黄色时捞起。下葱末、姜末爆香，下入鸭肉块，调入蚝油、盐、味精，撒入核桃仁、青椒丝、红椒丝炒匀即可。

冬瓜炒鸭肉

材料 鸭腿、冬瓜各200克，青椒、红椒、葱丝、蒜蓉各10克。

调料 盐、酱油各适量。

做法 ❶将鸭肉切成块，酱油腌30分钟；冬瓜洗净，去皮切块；青椒、红椒切成块。

❷锅内倒油加热，放蒜蓉、葱丝煸香，加青椒块、红椒块、鸭块翻炒至变色。

❸放入冬瓜，加少量水，炒至变软，加入盐、酱油，用水淀粉勾芡，加盖焖5分钟即可。

香芹炒腊鸭

材料 腊鸭500克，胡萝卜100克，芹菜250克，冬笋片150克，干辣椒、蒜末、姜片各适量。

调料 盐、料酒各适量。

做法 ❶腊鸭切块，加料酒和姜片，放锅中蒸15分钟，取出，倒掉油。

❷胡萝卜切薄片；芹菜洗净切长段。

❸烧热油锅，加干辣椒段、蒜末、姜片，小火煸香；加腊鸭、料酒、胡萝卜片、芹菜段、冬笋片翻炒均匀，加少许水、盐，烧熟即可。

茄汁鸭丁

材料 鸭胸肉250克，西芹100克，新鲜胡萝卜100克，葱、姜各适量。

调料 番茄酱、白糖、酱油、盐、水淀粉、胡椒粉、香油、料酒各适量。

做法 ❶鸭肉洗净切丁，用酱油、盐、胡椒粉、料酒、水淀粉拌匀，略腌一下。

❷西芹去筋，洗净切丁；胡萝卜去皮，洗净切丁；葱切段；姜切片。

❸锅内放油，烧至六成热，放入腌渍好的鸭肉丁滑油后捞出。

❹锅内留少许余油，放入葱段、姜片爆香，接着加入芹菜丁、胡萝卜丁、鸭肉丁、番茄酱和少许水，待汤汁快收干时，加入白糖、盐、胡椒粉调味，迅速拌炒均匀，淋少许香油即可。

银芽鸭丝

材料 鸭胸肉200克，绿豆芽250克，姜丝、青椒丝、红椒丝各适量。

调料 A.料酒、水淀粉各1大匙；B.盐适量，味精少许。

做法 ❶鸭胸肉洗净，沥干水分，切成粗丝，加入调料A、少许油，抓拌均匀。

❷绿豆芽去两头，冲洗干净，沥干。

❸锅内放油烧热，放入姜丝、鸭肉丝炒散，炒至鸭肉丝八成熟时，放入绿豆芽、青椒丝、红椒丝炒至断生，加入调料B炒匀即可。

沙茶炒鸭丝

材料 鸭肉500克，洋葱半个，青椒1个，姜1块，葱1根。

调料 A.盐适量，料酒1大匙；B.沙茶酱1大匙；C.盐适量，高汤、水淀粉各2大匙，酱油1大匙，胡椒粉1小匙，香油2小匙，鸡精适量。

做法 ❶ 洋葱、青椒洗净，切成细丝；葱洗净切段；姜洗净切丝。

❷ 鸭肉加调料A、姜丝、葱段腌渍一下，上笼蒸熟，取出晾凉，将鸭肉切成0.5厘米宽、6厘米长的粗丝。

❸ 锅内放油，烧至五成热，放洋葱丝、青椒丝炒几下，再放鸭肉丝炒散，加入调料B炒香，烹入调匀后的调料C，炒匀收汁即可。

子姜酸菜爆鸭血

材料 子姜200克，鸭血1块，酸菜心3片，红辣椒1个，蒜末少许，熟肥肠适量。

调料 A.辣豆瓣酱1大匙；B.酱油、醪糟各半小匙，花椒粉、白糖各少许，香油1大匙，鸡精、胡椒粉、醋各少许，淀粉适量。

做法 ❶ 熟肥肠、鸭血切条状；子姜洗净切丝；酸菜、红辣椒均切丝。

❷ 起锅热油，爆香酸菜丝、红辣椒丝、蒜末及调料A，炒出红油时放入肥肠条、鸭血条及调料B拌炒，下淀粉勾芡，再放入姜丝炒匀即可。

清炒鸭胗

材料 鸭胗300克，四季豆50克，蒜苗1根，泡红椒2个，葱末、姜末、蒜末各少许。

调料 A.盐1小匙，水淀粉1大匙；B.盐适量，高汤少许，料酒、醋、水淀粉各1大匙，味精1小匙。

做法 ❶鸭胗去筋、皮，洗净后切十字花刀，再切成块，加入调料A抓拌均匀，略腌一下备用。

❷四季豆择洗干净，切成小段，放入沸水锅中汆烫至变色，捞出沥水；蒜苗段择洗净，斜切成小段；泡红椒斜切成小段。

❸锅内放油烧至七成热，放入鸭胗滑炒至九成熟，捞出沥油。

❹锅内留余油，加入葱末、姜末、蒜末爆香，放入泡椒段、四季豆段、蒜苗段、鸭胗，翻炒至熟，将调料B调匀后倒入，收汁即可。

鸭肠爆双脆

材料 卤鸭肠400克，莴笋200克，冬笋100克，蒜片、姜片各适量。

调料 盐、味精、花椒油各适量。

做法 ❶卤鸭肠洗净，切段；莴笋去皮洗净，切片；冬笋洗净，切片。莴笋、冬笋入沸水中汆烫一下，捞出沥干。

❷锅置火上，倒油烧热，下入蒜片、姜片炒香，再放入莴笋片、冬笋片煸炒1分钟，调入盐、味精，下入鸭肠段翻炒至熟软，淋入花椒油，即可装盘。

香辣鸭舌

材料 鸭舌500克，葱20克，干辣椒10克。

调料 味精、红油、香油各2克，卤水、盐各适量。

做法 ❶将鸭舌氽烫，放入卤水中卤30分钟。

❷干辣椒、葱均切成段。

❸油锅烧热，下入鸭舌炸至表皮呈枣红色，捞出。

❹炒锅烧热后放少许红油、香油，下入干辣椒段炒香，再放入鸭舌，加盐、味精炒拌均匀，撒上葱段即可。

酱香鸭舌

材料 净鸭舌300克。

调料 白糖25克，料酒1克，姜汁、香油、黄酱各适量。

做法 ❶鸭舌洗净。

❷油锅烧热，放入鸭舌滑透，捞出控油。

❸锅中留适量底油，下料酒、黄酱、姜汁、白糖，烧至汤汁浓稠时放入鸭舌翻炒，待鸭舌均匀挂满酱汁时，淋入香油，装盘即可食用。

干炒鸭掌

材料 鸭掌块500克，青尖椒3个，红尖椒1个，大蒜5瓣，干辣椒段1大匙，葱1根，姜1小块。

调料 A.盐少许，料酒2大匙，大料2粒；B.花椒粒15粒，辣豆瓣酱2大匙；C.盐、味精、胡椒粉各适量。

做法 ❶青尖椒、红尖椒、大蒜、姜、葱均切片。

❷鸭掌块加调料A煮熟。

❸烧油锅放入鸭掌块、葱片、姜片、蒜片、调料B、干辣椒段炒香，再加入青椒片、红椒片、调料C翻炒入味即可。

鸡腿菇黄瓜炒腊肉

材料 鸡腿菇100克，黄瓜100克，腊肉200克。

调料 盐半小匙，鸡精1小匙，胡椒粉适量。

做法 ❶鸡腿菇洗净切片，汆烫后捞出沥干；黄瓜洗净切片，汆烫后捞出沥干；腊肉切片。

❷油锅烧热，放入鸡腿菇片、黄瓜片、腊肉片合炒至熟，加入盐、鸡精、胡椒粉炒匀，即可出锅。

豆腐皮炒腊肉

材料 腊肉150克，新制的豆腐皮100克，葱叶适量，红椒1个。

调料 味精少许。

做法 ❶将腊肉、红椒分别切片；将豆腐皮切成条。

❷锅置火上倒油烧热，将豆腐皮条放入锅中炸香，捞出沥油后备用。

❸锅内留底油，下入腊肉片炒至出油，加入葱叶、豆腐皮条、红椒片翻炒至熟，加味精调味即可。

腊肉

营养功效

◎祛寒：选用新鲜的带皮五花肉，分割成块，用盐和少量亚硝酸钠或硝酸钠、黑胡椒、丁香、香叶、茴香等香料腌渍，再经风干或熏制而成腊肉，冬天食用具有祛寒功效。

◎开胃消食：腊肉在腌渍时加了许多香料，具有开胃消食的功效。

宜忌人群

✔一般人群都可以食用。

✘老年人忌食。

✘胃和十二指肠溃疡患者忌食。

银芽炒腊肉

材料 腊肉100克，绿豆芽250克，葱末、姜末、蒜末各少许。

调料 盐、鸡精、胡椒粉、米醋各适量。

做法 ❶绿豆芽去掉两头，洗净备用；腊肉切条，汆烫捞出，备用。

❷油锅烧热，放入腊肉条炒香，加入葱、姜、蒜末和绿豆芽，调入盐、鸡精、胡椒粉、米醋，用大火翻炒片刻，出锅即可。

下厨小贴士

腊肉作为肉制品，并非长久不坏。随着气温的升高，腊肉虽然肉质不变，但味会变得刺喉。最好的保存办法就是将腊肉洗净，用保鲜膜包好，放在冰箱的冷藏室，这样就可以长久保存。

韭薹炒腊肉

材料 韭薹200克，腊肉150克，红辣椒50克，蒜片、姜丝各少许。

调料 盐、老抽、味精各适量。

做法 ❶腊肉切薄片；韭薹洗净，切段；红辣椒洗净，切丝。

❷炒锅倒油烧热，下入蒜片、姜丝爆香，放入腊肉片、红辣椒丝略炒。

❸下入韭薹段，翻炒至变色，放入老抽、盐、味精炒匀即可。

红条腊肉

材料 腊肉200克，胡萝卜150克，杭椒80克，葱、姜各适量。

调料 盐、味精、胡椒粉各适量。

做法 ❶腊肉洗净，入沸水锅氽烫去异味，切成片备用。

❷胡萝卜洗净，去皮，切条；杭椒去蒂，洗净，切段。

❸葱、姜分别洗净，切段。

❹油锅烧热，下葱末、姜末、杭椒段爆香，放入腊肉片炒至出油或变色。加入胡萝卜条同炒，调入盐、胡椒粉入味，出锅前加入味精即可。

腊味鸡枞菌

材料 腊肉200克，鲜鸡枞菌250克，青椒、红椒各1个，葱段、姜片各适量。

调料 高汤半碗，盐1小匙，鸡精适量，水淀粉少许。

做法 ❶ 鲜鸡枞菌洗净，挤干水分；青椒、红椒分别去蒂、籽，洗净切片；腊肉切薄片。

❷ 锅内放油烧热，将鸡枞菌过油，捞出控油。

❸另起油锅烧至八成熟，放入姜片、葱段炒香，加入腊肉片、鸡枞菌、青椒片、红椒片同炒，加入高汤、盐、鸡精炒匀，勾薄芡即可。

苦瓜炒腊肉

材料 苦瓜300克，腊肉150克，红辣椒段、姜丝、蒜末各适量。

调料 鲜汤、料酒、胡椒粉、水淀粉、盐、味精各适量。

做法 ❶ 腊肉、苦瓜均洗净，切片。
❷ 油锅烧热，炒香姜丝、蒜末、红辣椒段，加腊肉片，烹入料酒，再加入苦瓜片、鲜汤、胡椒粉、盐与味精，最后用水淀粉勾芡即可。

笋干炒腊肉

材料 腊肉200克，笋干250克，红椒1个，葱段、蒜片各适量。

调料 盐、鸡精各适量。

做法 ❶ 将笋干加清水泡发，洗净后沥干；腊肉切片；红椒切丝。
❷ 锅置火上倒油烧热，下入葱段、蒜片煸香，加入腊肉片炒至出油，入笋干、红椒丝翻炒均匀。
❸ 加盐、鸡精调味，待笋干炒熟即可。

腊肉炒老芋头

材料 腊肉、蒜苗段、红辣椒条、老芋头各适量。

调料 盐适量。

做法 ❶ 芋头撒盐腌渍15分钟后汆烫一下，捞出。
❷ 将水烧沸，放入芋头和腊肉，大火蒸5分钟，取出芋头，再蒸5分钟腊肉。芋头与腊肉稍凉，切片。
❸ 油锅烧热，放入蒜苗段、红辣椒条煸炒几下，放入芋头片炒至入味，再放入腊肉片，继续翻炒均匀后即可。

腊肠荷兰豆丝

材料 腊肠2根，荷兰豆200克，大蒜适量。

调料 盐、白糖各少许。

做法 ❶将腊肠、荷兰豆分别洗净，切丝；大蒜洗净，切末。

❷锅热油，倒入腊肠丝和一半的蒜末，翻炒后，倒入荷兰豆丝，加盐和白糖翻炒，再加剩余的蒜末炒匀即可。

炒腊肠煲仔饭

材料 米饭150克，腊肠2根，姜丝5克，菜心3棵。

调料 芝麻香油5毫升，酱油15毫升，料酒10毫升，盐3克。

做法 ❶腊肠切成片；菜心洗净，汆烫至断生。

❷烧油锅，下姜末略煸，入腊肠，调入酱油、盐、料酒，大火快炒几下。

❸将炒好的腊肠倒入盛满米饭的砂锅中铺好，焖煮。

❹米饭四周淋一圈花生油，放菜心，再焖煮5分钟即可。

腊肠

营养功效

◎开胃助食：腊肠味道香美甘醇，可开胃助食，增进食欲。

◎祛寒、消食：腊肉味咸，性甘平，具有开胃祛寒、消食等一系列功效。

宜忌人群

✔一般人群都可以食用。

✘儿童、孕妇、老年人忌食。

✘高血脂患者不宜食用。

✘肝肾功能不全者忌食。

✘胃和十二指肠溃疡患者禁食。

✘高血糖等慢性疾病患者忌食。

虾

营养功效

◎保护心血管：虾中的镁对心脏活动具有重要的调节作用，能很好地保护心血管系统，防止动脉粥样硬化。

◎补虚：虾易消化，对健康极有裨益，对身体虚弱以及病后需要调养的人是极好的滋补食物。

宜忌人群

✔月经不调的女性宜食。

✔肾阳虚所致的性功能衰退者宜食。

✖阴虚火旺者忌食。

✖皮肤病、哮喘患者忌食。

回锅港虾

材料 鲜虾300克，蒜薹2根，大蒜5瓣（切半）。

调料 老干妈豆豉、熟油、海鲜酱、盐、鸡精、白糖、胡椒粉各适量。

做法 ❶ 鲜虾处理干净，汆烫；老干妈豆豉切末；蒜薹洗净切段。

❷ 锅放入熟油烧热，加入虾仁炒至变色，放入海鲜酱、盐、鸡精、白糖、胡椒粉调味，加豆豉末、蒜薹段、大蒜炒断生即可。

鱼香虾球

材料 草虾300克，芹菜丁、泡椒蓉、蒜末、姜末、蛋清各适量。

调料 A.盐、料酒、水淀粉各适量；B.盐、味精、白糖、醋、水淀粉各适量；C.香油少许。

做法 ❶将草虾处理干净，加蛋清、调料A腌渍片刻，入七成热油中滑炒。将调料B调匀成味汁。

❷ 油锅烧热，炒香泡椒蓉、姜末、蒜末，加芹菜丁、草虾，烹入味汁，淋香油即可。

多彩河虾

材料 小河虾250克，彩椒、洋葱、胡萝卜各适量。

调料 盐、味精、白糖、料酒、淀粉各适量。

做法 ❶小河虾处理洗净后，调料酒，拍淀粉；彩椒、洋葱、胡萝卜均洗净，切成丁。

❷油锅烧热，放小河虾炸酥，再下彩椒丁、洋葱丁、胡萝卜丁滑油，捞起。

❸另起油锅烧热，下入小河虾、彩椒、洋葱、胡萝卜，调入盐、味精、白糖，快速翻炒均匀，装盘即可。

梅菜小河虾

材料 河虾500克，梅干菜50克，葱花适量。

调料 盐、味精、椒盐各少许。

做法 ❶梅干菜用清水泡好，挤干水分，切成碎末；河虾洗净，加盐腌渍片刻。

❷锅置火上倒油烧热，将梅干菜炸至酥香；将河虾入油中炸酥。

❸锅内留底油，下入葱花爆香，入河虾、梅干菜末，加盐、味精、椒盐翻炒均匀，出锅即可。

韭菜炒河虾

材料 小河虾250克，韭菜75克，姜片少许，葱段适量。

调料 A.盐半小匙，料酒10毫升；B.盐、味精各半小匙，香油3小匙。

做法 ❶韭菜择洗净，切成6厘米长的段；小河虾处理干净后加入调料A及姜片、葱段腌渍约5分钟。

❷锅中倒油烧热，将小河虾放入油中炸至酥香。

❸锅中放油烧至140℃，放入韭菜段略炒，再放入炸好的小河虾和调料B炒匀，即可装盘。

香酥小河虾

材料 小河虾450克，葱末、蒜末各少许，干辣椒未适量。

调料 盐、味精、白糖、料酒、胡椒粉各适量。

做法 ❶小河虾洗净，沥干，备用。

❷油锅烧热，放入小河虾炸约7分钟，捞出控油。

❸锅留底油，继续加热，下葱末、蒜末、干辣椒末爆香，再放入炸好的小河虾，加料酒、白糖、盐、胡椒粉炒匀，调入味精，出锅即成。

木耳香葱爆河虾

材料 小河虾250克，水发黑木耳100克，葱适量。

调料 盐1小匙，味精半小匙，鸡精半小匙、香油少许。

做法 ❶河虾氽烫，捞出，控水，备用。

❷葱洗净，切段；水发黑木耳择洗干净。

❸油锅烧热，爆香葱段，加小河虾、木耳及盐、鸡精、味精等调味炒匀，淋香油即成。

辣子虾

材料 鲜虾500克，干辣椒段、姜末各适量。

调料 花椒、盐、酱油、醋、淀粉各适量。

做法 ❶鲜虾洗净去泥肠，将虾尾剪开，用酱油、醋、姜末、盐、淀粉调匀腌渍几分钟，备用。

❷油锅烧热，把虾下油锅炸熟至外酥捞出，然后下干辣椒段、花椒翻炒出至糊辣味时，再加入炸好的虾，翻炒几下即可。

琥珀核桃虾仁

材料 鲜虾200克，核桃仁100克，葱末1小匙，姜末适量。

调料 盐、味精各适量。

做法 ❶ 鲜虾洗净，剥去头、壳，留虾尾备用。

❷ 锅内放水烧沸，放入鲜虾汆烫，捞出沥水。

❸ 锅内放油烧热，放入葱末、姜末爆香，下入虾仁炒匀，再放入盐、味精同炒调味。

❹ 放入核桃仁合炒均匀即可装盘。

西红柿炒鲜虾

材料 鲜虾350克，西红柿100克，白菜50克，葱花、蒜片各少许。

调料 盐、味精、白糖、香油各适量。

做法 ❶ 将鲜虾洗净；西红柿洗净，切成片；白菜取菜叶。

❷ 油锅烧热，下蒜片爆香，放入西红柿煸炒，再下入白菜叶、鲜虾，调入盐、味精、白糖炒至成熟，淋香油，撒葱花即可。

玉米脆皮虾

材料 鲜虾150克，玉米粒50克，青、红椒粒各15克，葱末、姜末各适量。

调料 椒盐、味精、料酒、白糖、淀粉、脆浆粉、盐、胡椒粉各适量。

做法 ❶ 将鲜虾整理干净后加入盐、味精、料酒、胡椒粉腌渍15分钟，再沾上淀粉，过油炸至酥脆。

❷ 玉米粒洗净，挂脆浆糊，过油炸透。

❸ 油锅烧热，加葱末、姜末炝锅，再加青椒粒、红椒粒、椒盐、白糖、鲜虾、玉米粒，炒匀即可。

香菜爆虾肉

材料 大虾300克，干辣椒段、大蒜、生姜、葱段、香菜梗、香菜叶各适量。

调料 料酒、生抽、盐各适量。

做法 ❶ 将大虾处理干净备用。

❷ 锅里加入适量油烧热，放入大蒜、生姜、葱段、干辣椒段、香菜梗以小火炒香；放入大虾煸炒至虾身弯曲变红，烹入料酒和生抽调味。

❸ 加入盐调味，转大火煸干汤汁，起锅前加少许香菜叶即可。

胡椒虾

材料 鲜虾400克，大蒜适量。

调料 料酒、黑胡椒各1大匙，盐1小匙。

做法 ❶ 虾剪净须足，挑净泥肠，洗净后沥干水分，备用。

❷ 将大蒜去皮、洗净，切成片。

❸ 油锅烧热，放入虾炸至金黄色即捞出，将多余的油倒出。

❹ 锅留适量油，爆香蒜片、黑胡椒，再放入虾翻炒，倒入料酒、盐调味，快炒至虾熟香即可。

鸡蛋炒鲜虾

材料 大虾6只，鸡蛋3个，姜丝适量。

调料 盐、水淀粉、料酒各适量。

做法 ❶ 大虾去壳，挑去泥肠，洗净沥干，两面斜切连刀，装入碗中，加料酒、少许盐、水淀粉拌匀；鸡蛋打入碗中，加姜丝、盐搅拌均匀。

❷ 油锅烧热，放入大虾滑炒，捞出控油。

❸ 锅留底油，继续加热，倒入蛋液，加入大虾炒熟，装盘即可。

西红柿虾仁炒蛋

材料 虾仁150克，蛋清4个，西红柿1个。

调料 A.盐半小匙，水淀粉1大匙；B.盐半小匙，酱油半大匙，白糖半大匙。

做法 ❶ 蛋清中加入调料A调匀；西红柿洗净，去皮、籽，切丁；虾仁入热油滑炒后捞出控油。

❷ 油锅烧热，倒入蛋液翻炒，待其凝固时，放入西红柿丁和虾仁一同翻炒，再加入调料B炒匀，盛盘即可。

滑蛋虾仁

材料 虾仁200克，鸡蛋5个，葱2根，蛋清少许。

调料 A.盐少许，淀粉1小匙；B.盐1小匙，水淀粉半大匙。

做法 ❶ 虾仁抽去泥肠，洗净后拭干，拌入蛋清、调料A腌10分钟，过油捞出。

❷ 鸡蛋打散，葱洗净切碎后放入蛋液中，加入调料B调匀。

❸ 大匙油烧热，倒入虾仁和蛋液，炒至蛋液凝固时即可盛出。

龙井虾仁

材料 虾仁500克，龙井新茶少许，蛋清适量。

调料 料酒、盐、味精、水淀粉各适量。

做法 ❶ 虾仁洗净，加盐、味精、蛋清抓匀，再加水淀粉上浆备用。

❷ 将茶叶用沸水泡好，取茶叶汁。

❸ 油锅烧热，下入虾仁迅速滑散，捞出沥油。

❹ 锅内留底油，将虾仁再次下锅，淋入茶叶汁，烹料酒，加盐、味精调味，翻炒均匀，出锅装盘，撒泡好的茶叶即可。

蒜香芦笋虾仁

材料 芦笋、虾仁各200克，蒜末、蛋清各少许。

调料 A.盐半小匙，淀粉1小匙；B.料酒1大匙，盐、白糖各半小匙，白胡椒粉少许，水淀粉半大匙。

做法 ❶ 虾仁挑去泥肠，洗净、拭干，拌入调料A略腌，过油捞出。

❷ 芦笋削除根部粗皮、洗净，用沸水汆烫后捞出冲凉，切小段。

❸ 起锅热油，炒香蒜末、芦笋，接着放入虾仁和调料B，炒匀即可盛出。

黄瓜腰果炒虾仁

材料 黄瓜250克，腰果50克，虾仁150克，胡萝卜、葱末各少许。

调料 盐、味精、香油各适量。

做法 ❶ 黄瓜去皮，切片；腰果洗净；胡萝卜洗净，切片。

❷ 将虾仁入沸水锅中氽烫一下，捞出，沥去水分。

❸ 腰果用中火炸熟备用。

❹ 锅内留油烧热，炒香葱段，倒入黄瓜片、腰果、虾仁、胡萝卜片同炒，调入盐、味精，淋香油即成。

虾仁黄瓜炒豆腐

材料 虾仁200克，卤水豆腐150克，鸡蛋3个，黄瓜、胡萝卜、葱花各适量。

调料 盐、味精、蚝油、水淀粉、高汤各适量。

做法 ❶ 虾仁洗净；卤水豆腐、黄瓜、胡萝卜均切条；鸡蛋打散，加入油、盐、水淀粉搅成蛋糊。

❷ 卤水豆腐挂蛋糊下锅，炸至外皮颜色呈金黄色时捞起。

❸ 另烧油锅，入虾仁、葱花、高汤、蚝油、味精、黄瓜条、胡萝卜条、豆腐条烧沸，用水淀粉勾芡即可。

杏仁火腿炒虾仁

材料 虾仁180克，火腿丁、杏仁、红椒片、青椒丁、大蒜、葱花各适量。

调料 A.盐半小匙，醪糟1大匙，高汤4大匙；B.水淀粉半小匙，香油少许。

做法 ❶虾仁去肠泥后洗净，氽烫备用；大蒜洗净，用刀拍碎。

❷油锅烧热，小火爆香大蒜、红椒片，放入虾仁、火腿丁、青椒丁转中火略炒。加调料A翻炒至虾仁熟透，以水淀粉勾芡，淋上香油，撒上杏仁和葱花即可装盘。

花生米炒虾仁

材料 A.虾仁300克，煮花生米50克；B.姜末、蒜末、葱花各适量。

调料 A.盐、嫩肉粉各半匙，蛋清、干淀粉各50克；B.盐1小匙，白糖15克，味精、酱油、料酒、水淀粉各10克，香油、醋、鲜汤各15毫升；C.泡椒末、红油各适量。

做法 ❶虾仁加调料A腌渍，氽烫；调料B混合成芡汁；花生米切碎。

❷锅中放红油烧热，炒香材料B及泡椒末，加虾仁、芡汁、花生碎炒匀即可。

素蛋炒虾仁

材料 虾仁300克，胡萝卜、黄瓜各50克，蛋清、葱花、姜片各适量。

调料 盐、醪糟、水淀粉、香油各适量。

做法 ❶胡萝卜、黄瓜均切丁，氽烫，过凉水。

❷虾仁处理干净，放入冰箱冷藏20分钟，取出后加水淀粉、蛋清抓匀。

❸油锅烧热，虾仁炒至变红。锅中留少许油，以大火继续烧热，爆香葱花和姜片，加所有调料和材料，翻炒片刻，淋少许香油即可。

油爆酸辣虾

材料 虾仁250克，红辣椒2个，香菜末适量，蒜末半大匙。

调料 料酒、酱油、醋各1大匙，白糖半大匙，胡椒粉少许，水淀粉1小匙。

做法 ❶ 将红辣椒去籽切碎。

❷ 油锅烧热，放入虾仁滑炒后，捞出控净油。

❸ 锅内留余油，放入蒜末、红辣椒碎炒香，加入料酒、酱油、醋、白糖、胡椒粉炒匀，放入虾仁拌炒，最后加香菜末炒匀，水淀粉勾芡即可。

豆豉炒鲜虾

材料 草虾虾仁150克，洋葱半个，青椒1个，辣椒1个，大蒜3瓣。

调料 蚝油1大匙，白胡椒粉半小匙，水淀粉少许，鸡精半小匙，香油半小匙，黑豆豉1小匙。

做法 ❶ 洋葱、青椒、辣椒、大蒜分别洗净，切成小片；调料混合备用。

❷ 虾仁用沸水汆烫。

❸ 用2大匙油爆香蒜片与洋葱片，加入虾仁、青椒片和辣椒片快炒。加入调料炒匀即可。

菠味虾仁

材料 虾仁250克，菠菜150克，蛋清适量。

调料 盐、味精、干淀粉、水淀粉、高汤各适量。

做法 ❶ 虾仁洗净，沥干；菠菜榨汁。

❷ 锅中加水和菠菜汁烧沸，除去表面漂浮菜叶。

❸ 菠菜汁倒入虾仁中，加盐、干淀粉、蛋清上浆，然后倒油锅中滑散。

❹ 锅留底油，加高汤烧开，加虾仁、味精，用水淀粉勾薄芡即可。

夏果炒河虾

材料 河虾350克，夏威夷果150克，蚕豆瓣50克（泡发），鸡蛋1个（取蛋清），葱花、姜片各适量。

调料 盐、味精、料酒、干淀粉、水淀粉各适量。

做法 ❶河虾剥去外壳，留尾，洗净沥干，用盐、干淀粉、蛋清拌匀；蚕豆瓣洗净，入沸水中汆烫，捞出沥干。

❷锅置火上，加油烧热，下虾滑油，变色后捞出控油。

❸锅留底油，放葱花、姜片爆香，下蚕豆瓣煸炒片刻，加料酒、盐调味，倒入虾、夏威夷果炒匀，加入味精调味，用水淀粉勾芡，装盘即可。

豆瓣虾仁

材料 虾仁350克，蚕豆瓣200克，葱末、姜末各少许。

调料 盐、味精、料酒、胡椒粉、水淀粉、高汤各适量。

做法 ❶虾仁洗净，加盐、味精、胡椒粉、料酒拌匀，腌渍片刻，加水淀粉上浆。

❷将盐、味精、料酒、水淀粉、高汤调成味汁；蚕豆瓣洗净，入沸水汆烫断生，捞出沥干。

❸油锅烧热，炒香葱末、蒜末，放虾仁、蚕豆瓣炒匀，倒入味汁，翻炒几下，装盘即可。

螃蟹

营养功效

◎补肾，壮骨：蟹肉具有清热散结、通脉滋阴、补肝肾、生精髓、壮筋骨等多种功效。

◎祛火解毒：蟹肉性寒，食之能祛痰火，解毒热。以微量盐煮食、饮汁，可缓解湿热内蕴或痰火上扰所致面肿、喉风肿痛等症。

宜忌人群

✔骨质疏松症患者宜食。

✖伤风、发热、胃痛及腹泻患者忌食。

✖皮肤病患者忌食。

✖冠心病、高血脂患者忌食。

葱姜年糕炒蟹

材料 鲜青蟹1只，年糕10克，西芹、葱段、姜片各少许。

调料 盐、鸡精、淀粉、水淀粉各适量。

做法 ❶蟹洗净拆卸，斩块，拍少许淀粉；西芹切块；年糕切片，煮熟，冷水冲凉。

❷油锅烧热，蟹块炸至金黄色，捞出；另起油锅烧热，放姜片、葱段、年糕片、西芹块、蟹同炒，加盐、鸡精，最后水淀粉勾芡即可。

蟹黄菜心

材料 白菜心150克，姜末、蟹黄、鸡蛋各适量。

调料 高汤、盐、白糖、香醋、料酒各适量。

做法 ❶白菜心洗净；鸡蛋打散加少量盐搅均匀。

❷高汤烧沸，将白菜心汆烫，捞出放入盘中；将原汤勾薄芡，淋在白菜心上。

❸油锅烧热，放鸡蛋液炒成型，捞出；锅内留底油，入姜末、蟹黄、鸡蛋、盐、白糖、香醋、料酒一同炒匀，盛盘即可。

西蓝花炒蟹脚

材料 蟹脚300克，西蓝花50克，葱段、红辣椒圈各15克，蒜片适量。

调料 辣椒油、料酒、酱油、沙茶酱各1大匙，白糖1小匙。

做法 ❶将蟹脚敲裂，与撕成小朵的西蓝花分别入沸水中汆烫。
❷净锅加入适量色拉油烧热，放入葱段、蒜片、红辣椒圈炒香，再加入做法❶的蟹脚及辣椒油、料酒、酱油、沙茶酱、白糖翻炒均匀，起锅前加入西蓝花快炒均匀即可。

银芽炒蟹丝

材料 蟹肉棒200克，豆芽100克，香菜段、姜片、葱花、泡椒、泡子姜丝各适量。

调料 高汤4大匙，水淀粉、胡椒粉、鸡精各少许，料酒3大匙，盐适量。

做法 ❶蟹肉棒汆烫，撕成丝；豆芽切去两头。
❷泡椒、泡子姜丝、盐、胡椒粉、鸡精、料酒、高汤、水淀粉调成汁。
❸烧油锅，炒香姜片、葱片，加蟹丝、泡子姜丝、泡椒丝、豆芽炒匀，烹入味汁炒匀即可。

香辣麻花蟹

材料 肉蟹1只，干红辣椒5个，小麻花6根，芝麻、葱段、姜片、蒜片各适量。

调料 白酒、淀粉、盐、味精、花椒、香辣酱、白糖、白醋、胡椒粉、花椒油、红油各适量。

做法 ❶肉蟹用白酒稍腌，蟹身处理干净斩块，拍淀粉，将其炸熟。
❷烧油锅，爆香姜片、蒜片、葱段、干红辣椒段、花椒、香辣酱，下肉蟹块、小麻花、盐、味精、白糖、白醋、胡椒粉，淋红油、花椒油，撒芝麻即可。

蛏子

营养功效

◎补虚强身：蛏子含有丰富的蛋白质、维生素A及多种矿物质，具有很高的营养价值，有补虚强身的作用，还可辅助治疗产后虚寒、烦热痢疾。

◎预防和改善甲亢：蛏子含有丰富的碘和硒，对甲亢有预防和改善作用。

◎补脑益智：蛏子含有丰富的锌、锰，常食用蛏子，有健脑益智、提高记忆力的作用。

宜忌人群

✔湿热水肿者宜食。

✔甲亢患者宜食。

✘腹泻患者忌食。

杭椒爆蛏子

材料 蛏子500克，青杭椒、红杭椒适量。

调料 盐、味精、鸡精、料酒各适量。

做法 ❶蛏子放入水中，多冲洗几次。然后放入沸水中汆烫，捞出后去壳，再挤净泥沙，洗净。青杭椒、红杭椒洗净，去蒂，去籽，切块，放入锅中略炒。

❷油锅烧热，放入蛏子、青杭椒、红杭椒快炒，加入料酒炒匀，起锅前加盐、味精、鸡精调味即可。

酱爆蛏子

材料 蛏子500克，青椒片、红椒片若干，蒜片、姜片、葱段各少许。

调料 蚝油、辣酱、豆瓣酱、料酒、酱油、盐、白糖、米醋各适量。

做法 ❶蛏子洗净，用沸水汆烫至开口。

❷油锅烧热，爆炒辣酱、豆瓣酱、蒜片、姜片、葱段、青椒片、红椒片，下入蛏子、料酒、酱油、白糖、米醋、蚝油炒匀。离火前加少许盐即可。

韭黄蛏子

材料 蛏子200克，韭黄200克，红椒1个，泡姜1块，蒜末适量。

调料 水淀粉、盐、味精、胡椒粉、鲜味汁、高汤各适量。

做法 ❶韭黄切长段；红椒、泡姜均切细丝；所有调料兑成味汁。

❷蛏子入沸水中汆烫至八成熟捞出，去壳取肉。

❸锅内放油烧热，将蒜末、姜丝、泡红椒丝炒香，加入韭黄段炒几下，再倒入蛏子炒匀，烹味汁，大火收汁，装盘。

木须蛏子

材料 蛏子200克，鸡蛋2个，芦笋100克，西红柿1个，葱花1小匙。

调料 盐1小匙，水淀粉1大匙。

做法 ❶蛏子汆烫至熟；芦笋切丁，汆烫后过凉；鸡蛋加盐、水淀粉、葱花、蛏子肉、芦笋丁搅匀；西红柿用沸水烫去外皮，切小丁，略炒。

❷锅内倒油烧热，将鸡蛋蛏子液放入炒定型，加入西红柿丁炒均匀，装盘撒葱花即成。

风味炒蛏子

材料 蛏子500克，泡姜150克，蒜末1大匙，红椒、青椒、葱白各适量。

调料 A.水淀粉、香油各少许；B.料酒2大匙，胡椒粉、味精各1小匙，高汤、盐各少许。

做法 ❶蛏子处理干净，汆烫，取肉；红椒、青椒、泡姜、葱白均切丝。

❷油锅烧热，炒香蒜末，放入蛏子肉及B料略炒，加入红椒、青椒、泡姜、葱白丝，炒至蛏子入味。

❸用水淀粉勾薄芡，淋少许香油即可。

鳝鱼

营养功效

◎降血糖：鳝鱼中提取的黄鳝素A和黄鳝素B对降血糖和恢复血糖的调节功能有显著作用。

◎祛风湿，通脉络：鳝鱼可益气血，强筋骨，祛风湿。可用于辅助治疗内痔出血、气虚脱肛、子宫脱垂及贫血等症。

宜忌人群

- ✔产妇宜食。
- ✔贫血患者宜食。
- ✔糖尿病患者宜食。
- ✘冠心病、高血压、患者慎食。

辣爆鳝片

材料 鳝鱼1条（约400克），鲜红尖椒片150克，姜丝、蒜末各适量。

调料 高汤、花椒、料酒、胡椒粉、白糖、盐各适量。

做法 ❶鳝鱼处理干净后切3厘米长的片，用盐、料酒腌约5分钟，温油滑一次，捞出。

❷另起锅，炒香姜丝、花椒、蒜末，加红辣椒片并炒至熟，加滑好的鳝鱼片、胡椒粉、白糖、高汤，爆炒2分钟即可。

西芹鳝鱼丝

材料 鳝鱼丝300克，西芹50克，红椒50克。

调料 油、姜葱丝、辣椒油、盐、料酒、胡椒粉、白糖、鸡精、香油、豆瓣酱各适量。

做法 ❶鳝鱼丝处理干净，加盐、料酒，腌渍5分钟。

❷红椒、西芹均切成丝。

❸油锅烧热，放入鳝丝稍炸；留底油，放入豆瓣酱、红椒丝炒香，加剩余材料和调料，继续炒至红椒呈棕红色即可。

三丝炒鳝鱼

材料 净鳝鱼片350克，胡萝卜100克，青椒50克，姜少许。

调料 盐、味精、酱油、料酒、醋、花椒粉、鲜汤、水淀粉各适量。

做法 ❶鳝鱼片洗净，切丝，加盐腌渍。
❷将胡萝卜、姜分别清洗干净，切成丝，青椒去蒂、籽，切细丝。
❸将全部调料倒入同一个碗中搅拌均匀，调成味汁。
❹油锅烧热，下姜丝爆香，放入鳝鱼丝煸炒，待颜色变白时，加青椒丝、胡萝卜丝同炒，调入味汁，翻炒几下，出锅即成。

爆炒鳝鱼

材料 鳝鱼3条，青椒、红椒各1个，干辣椒2个，鸡蛋1个（取蛋清）。

调料 盐、味精、白糖、料酒、干淀粉、水淀粉、胡椒粉、香油各适量。

做法 ❶鳝鱼洗净，切段，加盐、干淀粉、鸡蛋清上浆；青椒、红椒洗净，切片；干辣椒切段。
❷油锅烧热，下鳝鱼段煸炒，熟后捞出。
❸锅中留油，爆香干辣椒段，下青椒片、红椒片翻炒，倒入鳝鱼段，加料酒、酱油、白糖、味精调味，水淀粉勾芡，撒上胡椒粉，淋入香油。

韭菜鳝鱼

材料 鳝鱼300克，韭菜150克，蒜末、姜末、香菜末各适量。

调料 酱油、白糖、料酒、醋、胡椒粉、水淀粉、香油各适量。

做法 ❶鳝鱼、韭菜分别洗净，切段备用。

❷锅内热油，放入蒜末、姜末爆香，放入鳝鱼段煸炒，倒入酱油、白糖、料酒、醋，加半瓢水焖烧，再放入韭菜段翻炒，用水淀粉勾芡，撒上胡椒粉、香菜末，淋上香油即可。

鳝片爆虾球

材料 鳝鱼片250克，虾球100克，香菇、笋片、油菜心各50克。

调料 盐、味精、白糖、蚝油、料酒、淀粉、芡汤各适量。

做法 ❶鳝鱼片与虾球加入盐、料酒、淀粉腌渍。

❷将鳝片、虾球分别入油滑熟，倒出控油；油菜心氽烫至熟。

❸油锅烧热，加香菇、笋片煸炒，加盐、味精、白糖、蚝油、料酒、鳝片、虾球炒匀，勾芡，用油菜心围边即可。

干炒鳝丝

材料 鳝鱼丝200克，香芹、冬笋各100克，葱丝、姜丝、蒜丝各适量。

调料 豆瓣酱3大匙，醋、香油、盐、味精各适量。

做法 ❶冬笋切丝；豆瓣酱剁细。

❷香芹洗净切丝，略氽烫。

❸锅内放油，烧至六成热，放姜丝、蒜丝爆香，再放鳝鱼丝，煸干水分，加豆瓣酱炒匀，再加冬笋丝、香芹段、盐、味精、醋、葱丝，炒匀出锅，淋入香油即可。

香菇炒鳝鱼段

材料 鳝鱼250克，鲜香菇150克，鸡蛋1个（取蛋清），红辣椒圈、青辣椒圈、姜丝、葱花各少许。

调料 盐1小匙，料酒、胡椒粉、酱油、淀粉各适量。

做法 ❶ 鳝鱼洗净、切段，加酱油、料酒、蛋清、胡椒粉、淀粉拌匀；鲜香菇洗净。

❷ 油锅烧热，放入姜丝稍炒出味后，放入鳝鱼段炒至八成熟，捞出沥油。

❸ 另起油锅烧热，放入红辣椒圈、青辣椒圈、盐爆炒入味，下鲜香菇炒匀，最后加入鳝鱼段、葱段，炒至鳝鱼段熟透，用淀粉兑水，勾薄芡，撒葱花即可。

青椒炒鳝段

材料 鳝鱼段400克，青椒100克，姜丝、葱花各少许。

调料 盐、味精、料酒、白糖、水淀粉、干淀粉、香油各适量。

做法 ❶ 将鳝片洗净，切段，加料酒腌10分钟至入味，加入淀粉抓匀；青椒洗净，切条。

❷ 油锅烧热，将鳝段与青椒分别滑油。

❸ 另起油锅烧热，下葱花、姜丝爆香，烹入料酒，下入鳝鱼段、青椒、盐、味精、白糖炒匀，用水淀粉勾芡，淋香油即可。

干煸鳝段

材料 鳝鱼500克，西芹100克，鸡蛋1个，干辣椒、姜、大蒜各少许。

调料 郫县豆瓣10克，料酒、盐、酱油、醋、花椒面、淀粉各少许。

做法 ❶选肚黄肉厚的活黄鳝剖腹去骨，斩去头尾，切成粗段。西芹切段，郫县豆瓣剁细，备用。

❷蛋液打发，加淀粉和成糊备用；鳝段加少许料酒、酱油腌渍片刻。

❸油锅烧热，下干辣椒炸出香辣味，下豆瓣煸至油呈红色，下姜、大蒜炒匀，加盐、酱油，淋少许醋下鳝段烧入味盛出。

❹另起油锅，待油温重新升高时将鳝段粘裹蛋糊后入油锅煸炒，至鳝段水分基本挥发后，加入西芹丝稍炒出香味即捞出，撒少许花椒面即成。

五花肉爆鳝鱼

材料 净鳝鱼段100克，猪五花肉300克，鸡蛋1个（取蛋清），大蒜、姜片、红尖椒段各适量。

调料 A.生抽、盐、干淀粉各适量；B.料酒1大匙，老抽1大匙；C.料酒、水淀粉、胡椒粉、盐各适量。

做法 ❶五花肉洗净，切块，拌入调料A及蛋清腌渍10分钟，然后过油捞出。

❷油锅烧热，下入鳝鱼段，加入调料B炒熟盛出；下入大蒜、姜片炒香，再加入五花肉块、鳝鱼段、调料C炒匀即可。

蒜苗黑椒爆牡蛎

材料 牡蛎500克，蒜苗1根，辣椒1个，大蒜2瓣。

调料 白酒1大匙，酱油、白糖各1小匙，水淀粉半大匙，黑椒粉少许。

做法 ❶牡蛎洗净入沸水中快速汆烫5秒钟捞出，立刻浸冷水中。

❷蒜苗切丁；辣椒切小圆圈片；大蒜切碎。

❸油锅烧热，炒香蒜末后，放牡蛎，再加蒜苗、辣椒同炒，然后加调料炒匀即可。

姜汁柠檬炒牡蛎

材料 牡蛎6个，柠檬半个，葱花、姜末各适量。

调料 白酒、柠檬汁各半大匙，盐、胡椒粉、橄榄油各适量。

做法 ❶将洗净的鲜牡蛎打开，取出牡蛎肉，洗净后，用部分白酒腌渍5分钟，备用。

❷平底锅中倒入适量的橄榄油烧热，放入葱花、姜末，小火炒香，放入腌好的牡蛎肉，烹入白酒，加柠檬汁、盐、胡椒粉炒熟即可。

牡蛎

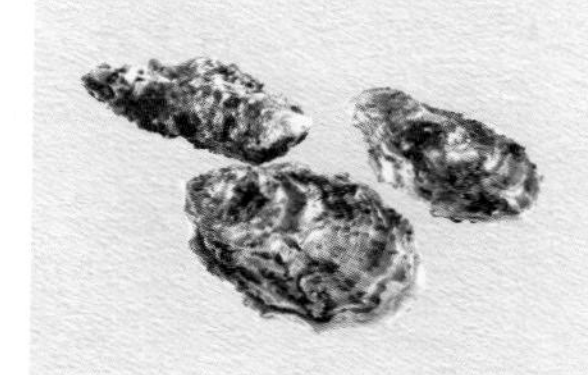

营养功效

◎防治动脉粥样硬化：牡蛎肉含有大量牛磺酸。牛磺酸不但能抑制人体血管中胆固醇的生成，还可防治动脉粥样硬化。

◎生精壮阳：牡蛎含多种矿物质及微量元素，含锌量尤高，对男性的性功能有促进作用。

宜忌人群

✔体质虚弱和贫血者宜食。

✔月经不调的女性宜食。

✘痛风和尿酸过高者忌食。

✘生疮及体质虚寒者忌食。

蛤蜊

营养功效

◎利尿消肿：蛤蜊能使人排出体内多余水分，帮助排尿，缓解水肿症状。

◎促进发育，改善气血：蛤蜊富含铁，可预防和辅助调理因缺血而导致的贫血，能促进发育， 帮助皮肤改善血色。

宜忌人群

✔缺铁性贫血患者宜食。

✔甲状腺肿大患者宜食。

✔支气管炎、胃病患者宜食。

✘性功能障碍患者忌食。

✘泄泻者忌食。

剁椒蛤蜊炒宽粉

材料 蛤蜊150克，宽粉100克，红椒末、剁椒末各1大匙，蒜末1小匙。

调料 高汤1碗，白酒1大匙，白糖少许，盐少许，胡椒粉、奶油各适量。

做法 ❶热锅入油，加入蒜末，用中火慢慢炒香。

❷将蛤蜊放入锅中炒香，淋入白酒、白糖和高汤，盖上盖焖一下，煮至蛤蜊开口。

❸加奶油拌匀，胡椒粉和盐调味煮沸，加发好的宽粉、红椒末、剁椒末炒匀即可。

蛤蜊海带

材料 净蛤蜊肉350克，海带结150克，葱末、姜末、蒜末、枸杞子各少许。

调料 盐、味精、酱油、香油各适量。

做法 ❶净蛤蜊肉、海带结分别洗净。

❷将海带结氽烫至去掉黏液，捞起冲洗干净，备用。

❸油锅烧热，下葱末、姜末、蒜末爆香，放入海带结、蛤蜊肉，调入盐、味精、酱油翻炒至成熟，淋香油，撒枸杞子即可。

干贝炒西葫芦

材料 干贝50克，西葫芦200克，鸡蛋1个，姜丝、葱花、蒜末各适量。

调料 调料盐、料酒、胡椒粉、酱油、淀粉各少许。

做法 ❶干贝浸泡至透，撕开成丝；西葫芦洗净，切片；鸡蛋打入碗中，搅匀。

❷起油锅，下蒜末炒香，加西葫芦片、盐同炒，加水炒熟，勾薄芡。

❸另起油锅，下姜丝炒香，放干贝丝、鸡蛋液炒熟，倒入西葫芦片炒匀即可。

XO酱炒西芹干贝

材料 干贝、芹菜各150克，胡萝卜、蒜末各适量。

调料 XO酱1大匙，鸡精1小匙，香油1/2小匙。

做法 ❶干贝浸泡至透，洗净，汆烫后捞出，沥干备用；芹菜、胡萝卜分别洗净，切斜段，汆烫后沥干备用。

❷油锅烧热，下蒜末炒香，加入XO酱炒匀，加少量水煮开，放入芹菜段、胡萝卜段和干贝拌炒均匀，加入鸡精调味，起锅前淋入香油拌匀即可。

干贝

营养功效

◎补充钙质：干贝中含有丰富的钙质，经常食用，可以强健骨骼。

◎减肥瘦身：干贝营养丰富，是一种高蛋白、低脂肪的美味食品，经常食用，可以起到减肥美体的效果。

宜忌人群

- ✔缺钙者宜食。
- ✔肾虚者宜食。
- ✔高脂血症患者宜长期食用。
- ✘过敏体质者忌食。

生炒鲜干贝

材料 鲜干贝160克，青豆70克，胡萝卜15克，红椒、葱、姜各10克。

调料 蚝油、料酒各1大匙，水淀粉1小匙，香油适量。

做法 ❶ 胡萝卜去皮，切片；青豆洗净；葱切段；红椒、姜均洗净，切片，备用。

❷ 鲜干贝放入沸水中氽烫约1分钟捞出，沥干，备用。

❸ 锅置火上，加入1大匙色拉油烧热，以小火爆香葱段、姜片、红椒片，加入鲜干贝、青豆、胡萝卜片及蚝油、料酒、水一起以中火炒匀。

❹ 水淀粉勾芡，离锅前淋上香油即可。

芦笋彩椒炒干贝

材料 新鲜芦笋1根，干贝50克，红、黄椒丝10克，大蒜2瓣，姜适量。

调料 醋、盐少许，水淀粉1小匙。

做法 ❶ 干贝浸泡至透，用沸水氽烫至半熟；芦笋切成段状；姜切片；大蒜剥皮拍松。

❷ 锅内倒油，爆香姜片、大蒜，倒入芦笋段，再加入少许醋焖煮至熟软，加盐调味盛出。

❸ 另起油锅，加入干贝，红、黄椒丝及少许盐一起炒几下，加入煮软的芦笋段炒匀，水淀粉勾薄芡即可。

螺片爆芹菜

材料 螺片200克，芹菜100克，洋葱1个，红尖椒1个，姜末、蒜末各适量。

调料 盐、料酒、白糖、鸡精各适量。

做法 ❶将螺片洗净，汆烫一下，捞出沥干。

❷芹菜去老筋，汆烫，过凉水沥干；洋葱切片，红辣椒斜刀切圈。

❸油锅烧热，爆香姜末、蒜末，加入螺片、芹菜段、洋葱片、红辣椒圈翻炒，加所有调料调味即可。

辣炒田螺

材料 田螺400克，干辣椒段、泡椒、葱段、姜片、蒜片各适量。

调料 盐、味精、白糖、料酒、花椒、鲜汤、红油各适量。

做法 ❶油锅烧热，爆香葱段、姜片、蒜片，放田螺、料酒、清水、盐煮上一会，捞去螺盖。

❷另起油锅，爆香干辣椒段、花椒，放田螺、泡椒蓉炒匀，加料酒、鲜汤、白糖、盐收汁，放入味精，淋入红油即可。

田螺

营养功效

◎利水消肿：田螺有清热利尿等功效。连壳于锅内炒热，用于水肿胀满、小便不利、脚气肿痛以及湿热淋证。

◎减肥瘦身：田螺是热量极低的食物，是减肥瘦身者的理想食材。

宜忌人群

- ✔ 水肿患者宜食。
- ✔ 痔疮患者宜食。
- ✔ 脂肪肝患者宜长期食用。
- ✔ 肥胖者宜食。
- ✘ 胃寒、泄泻者忌大量食用。

鱿鱼

营养功效

◎护肝解毒：鱿鱼具有促进肝脏解毒排毒的功效，可改善肝脏功能。因为其含的多肽和硒等微量元素有抗病毒、抗辐射的作用。

◎延缓衰老：鱿鱼有保护神经纤维、活化细胞的作用，经常食用鱿鱼能延缓身体衰老。

宜忌人群

✔骨质疏松症患者宜食。

✘脾胃虚寒者不宜长期食用。

✘荨麻疹患者忌食。

✘心血管疾病患者忌食。

老干妈炒鲜鱿

材料 鲜鱿鱼条150克，胡萝卜片、黄瓜片、葱段各50克。

调料 盐1小匙，鸡精半小匙，淀粉少许，老干妈豆豉酱1大匙，水淀粉适量。

做法 ❶鲜鱿鱼条剞花刀，加盐、淀粉拌匀。

❷油锅烧热，炒香鱿鱼条。

❸另起油锅，煸炒黄瓜片、胡萝卜片、葱段，调入剩下的调料，用水淀粉勾芡，放鲜鱿鱼炒匀即可。

双鲜炒三丝

材料 鱿鱼块200克，虾仁100克，芹菜段、胡萝卜丝、洋葱丝、姜丝各适量。

调料 盐、料酒、胡椒粉、酱油、淀粉各适量。

做法 ❶鱿鱼，汆烫；虾仁加姜丝、酱油、料酒、胡椒粉、盐、淀粉拌匀。

❷油锅烧热，下姜丝炒香，放虾仁炒熟，沥油。

❸烧热余油，下姜丝、鱿鱼块、芹菜段、胡萝卜丝、洋葱丝同炒，加水炒匀，放入虾仁炒熟，勾薄芡即可。

姜葱三文鱼

材料 三文鱼肉300克，红椒、葱段、姜片各适量。

调料 淀粉、吉士粉、盐、鸡精各适量。

做法 ❶三文鱼肉切条，加盐、鸡精、水淀粉上浆，拍少许淀粉及吉士粉。

❷油锅烧热，三文鱼肉炸至金黄色，捞出。

❸另起油锅烧热，放姜片、葱白段、红椒片炒香，加炸好的三文鱼。

❹再加盐、鸡精调味，装盘即可。

脆炒三文鱼

材料 三文鱼500克，山药丁、青红椒丝、香菇丁、蛋清、葱丝、姜丝各适量。

调料 水淀粉、料酒、盐各适量。

做法 ❶三文鱼切丁，用蛋清、水淀粉上浆。

❷烧油锅，放三文鱼丁滑炒，盛起。

❸锅内放少许油，放入葱丝、姜丝，炒香后放入山药丁、香菇丁、三文鱼丁，最后加入青红椒丝、料酒、盐调味即可。

三文鱼

营养功效

◎预防及改善心脑血管疾病：三文鱼中富含不饱和脂肪酸，能降低血脂和血胆固醇，防治心血管疾病；所含的Ω-3脂肪酸可增强脑功能、防治老年痴呆和预防视力减退。

◎健脾暖胃，强身补虚：三文鱼可补虚劳、健脾暖胃，对身体瘦弱、水肿、消化不良、胸腹胀满等症都有改善作用。

宜忌人群

✔脑力劳动者及学生宜食。

✘痛风、糖尿病患者忌食。

墨鱼

营养功效

◎抑制胃酸：墨鱼的内壳，含碳酸钙，制酸作用较强，有抑制胃酸过多的作用。可改善胃痛、胃溃疡等症。

◎补肾填精，益胃通气：墨鱼具有补肾填精、开胃利水之功效，常用于遗精、滑精等症。

宜忌人群

- ✔劳损腰痛、神经衰弱者宜食。
- ✔月经不调者及产妇宜食。
- ✔使用电脑工作者宜食。
- ✘湿疹、痛风、过敏体质者忌食。

墨鱼炒冬笋

材料 墨鱼1条，冬笋100克，姜片、红椒丁适量。

调料 盐适量。

做法 ❶将墨鱼洗干净，切成细丝；冬笋洗净，切成薄片。

❷油锅烧热后，下墨鱼丝，稍微煸炒，下姜片，快炒3分钟。待墨鱼呈半透明色时，加入冬笋片，续炒至熟，放盐调味，出锅装盘，撒红椒丁即可。

姜丝炒墨鱼

材料 墨鱼450克，鲜嫩姜50克，香菜梗适量。

调料 料酒、水淀粉、盐各适量。

做法 ❶鲜嫩姜洗净，切成细丝。

❷墨鱼洗净，去骨后切片，入沸水锅中稍微汆烫，捞出沥干水分。

❸油锅烧热，放入姜丝煸香，烹入料酒，加入墨鱼炒熟，加盐调味，用水淀粉勾芡，出锅，撒香菜梗即可。

墨鱼仔炒腰花

材料 墨鱼仔300克，猪腰150克，西蓝花100克，蒜蓉少许。

调料 盐、味精、蚝油、香油各适量。

做法 ❶墨鱼仔择洗干净；猪腰去除腰臊，切上花刀，再切成条；西蓝花洗净，掰成小块。

❷将猪腰条、墨鱼仔、西蓝花汆烫至成熟冲凉备用。

❸油锅烧热，下蒜蓉炒香，烹入蚝油，调入盐、味精，下入墨鱼仔、猪腰、西蓝花块迅速炒匀，淋香油，出锅即可。

彩椒炒墨鱼花

材料 墨鱼肉200克，青椒、红椒各1个，蒜片、姜末各少许。

调料 盐、豆豉、白糖、料酒各适量。

做法 ❶将墨鱼肉洗净，剞十字花刀，入沸水中汆烫，捞出沥干，切成条。

❷将青椒、红椒去籽和蒂，切三角块；将豆豉剁碎。

❸锅置火上倒油烧热，爆香蒜片、姜末、豆豉，下入墨鱼块、青椒块、红椒块翻炒均匀，加盐、白糖、料酒调味即可。

酱爆墨鱼

材料 鲜墨鱼300克，葱白段、姜末、蒜片各适量。

调料 黄豆酱2大匙，料酒1大匙，香油、盐、味精、水淀粉各适量。

做法 ❶墨鱼处理干净，剞花刀，切条，下入沸水中汆烫卷曲，捞出。

❷起油锅，入墨鱼条煸炸，盛起。

❸原锅留油，用葱白段、姜末、蒜片炝锅，烹料酒，加黄豆酱、盐炒香，添汤烧开，下入墨鱼条翻爆均匀，用水淀粉勾芡，加味精炒匀，淋香油即可。

带鱼

营养功效

◎维护心脑血管健康：带鱼的脂肪含量高于一般鱼类，且多为不饱和脂肪酸，这种脂肪酸具有降低胆固醇的作用；而其所含丰富的镁元素，对心血管系统有很好的保护作用，有利于预防高血压、心肌梗死等心血管疾病。

◎防癌抗癌：带鱼对肿瘤细胞的增殖有一定的抑制作用。

宜忌人群

- 高血压患者宜食。
- 心脏病患者宜食。
- 溃疡患者忌食。
- 脑卒中患者忌食。
- 哮喘患者忌食。

辣炒带鱼

材料 带鱼300克，干辣椒50克，香菜、姜丝、熟花生仁、白芝麻、葱姜汁各少许。

调料 盐、味精、料酒各适量。

做法 ❶带鱼剁三角块。❷带鱼块加盐、味精、料酒、葱姜汁腌渍入味，用油炸至金黄色，倒出沥油。❸锅内放适量油，将除带鱼块外的所有材料放入锅里拌炒，然后放入带鱼，炒匀后再放入香菜、葱丝即可。

软熘带鱼

材料 带鱼段300克，豆芽500克，姜末、红椒丝、香菜、葱段各少许。

调料 花椒粉、大料粉、盐、料酒、脆炸粉、水淀粉各适量。

做法 ❶带鱼段，加姜末、花椒粉、大料粉、盐、料酒腌渍。❷带鱼段裹脆炸粉煎熟。❸锅内留油，炒香红椒丝、葱段，加入豆芽、带鱼，放少许盐调味，用水淀粉勾薄芡，加少许香菜即可。

滑蛋韭香炒银鱼

材料 鸡蛋4个，小银鱼200克，韭菜苔、红椒末、姜片各适量。

调料 盐、酱油各适量。

做法 ❶小银鱼汆烫、过油；韭菜苔切末；姜切片，蛋打散。

❷小银鱼、韭菜苔、红椒末放碗中，加盐、姜片、酱油调味，搅拌均匀。

❸另起油锅烧热，倒入蛋液，加入做法❷中材料滑炒熟即可。

蒜香银鱼炒花生

材料 银鱼250克，蒜味花生2大匙，辣椒碎末、葱花、蒜末各1大匙。

调料 酱油、面粉糊、味精各适量。

做法 ❶ 银鱼洗干净，沥干水分，均匀地裹上面粉糊，备用。

❷起锅热油，放入银鱼，小火翻炒至微黄时，加入蒜末拌炒，再加入调料拌匀，起锅前加花生、葱花、辣椒略拌，即可盛盘。

银鱼

营养功效

◎益脾胃：银鱼富含低脂肪高蛋白，且富含钙，营养不良的儿童可适量补充。银鱼益脾胃，消化不良者可适当食用。

◎滋阴补虚：银鱼滋阴补虚的功效显著，肺病、胃病及病后体弱者可作为辅助的食疗食品。

宜忌人群

- ✔中老年男性宜食。
- ✔肺热咳嗽者宜食。
- ✔脾胃虚弱者宜食。
- ✔身体消瘦、营养不良者宜食。
- ✘有宿疾者忌食。
- ✘过敏体质者忌食。
- ✘痛风患者忌食。

草鱼

营养功效

◎维护心血管健康：草鱼含丰富的不饱和脂肪酸，能降低血液黏稠度，是心血管疾病患者首选食材。

◎健脾胃：对于身体瘦弱、食欲不振的人来说，草鱼肉嫩而不腻，可做开胃、滋补用。

◎养颜，防癌：草鱼含硒元素，经常食用有抗衰老、养颜的功效，对肿瘤也有防治作用。

宜忌人群

✔风湿、头疼患者宜食。

✖经期女性忌食。

香菜炒鱼片

材料 草鱼400克，葱末、鸡蛋清、姜末、枸杞子各少许，香菜段30克。

调料 盐、味精、白糖、淀粉、料酒各适量。

做法 ❶将草鱼刮鳞去内脏，洗净，切下鱼片，打入鸡蛋清，加入淀粉抓匀。

❷油锅烧至三成热，下入鱼片滑散，捞起沥干油。

❸另起油锅烧热，爆香葱末、姜末，入料酒、盐、味精、白糖调味，下入香菜、鱼片、枸杞子炒匀即可。

五彩鸡鱼柳

材料 净草鱼肉丝、熟鸡脯肉丝各200克，香菇丝、青椒丝、红椒丝、蒜苗、葱、姜、大蒜各适量，鸡蛋清1个。

调料 盐、鸡精、香油各少许，淀粉、料酒各适量。

做法 ❶草鱼肉丝加鸡蛋清、盐、鸡精、淀粉上浆。

❷油锅烧热，滑鱼丝盛起。锅内留油，将葱姜蒜煸香，放香菇、鸡肉丝煸炒，再加剩余调料，倒入鱼丝炒匀，淋香油即可。

红茶炒鲈鱼

材料 鲈鱼1条，红茶3克，红椒1个，甜橙半个。

调料 酱油2大匙，料酒、葱、姜各适量。

做法 ❶鲈鱼处理干净切小块，调料酒去腥。

❷红椒和姜分别切成丝，葱切末，甜橙切薄片，红茶用开水略冲洗一下，取茶叶。

❸烧油锅，爆香红茶叶、红椒丝、姜丝、葱花，加鲈鱼块翻炒至鱼肉熟，盛出摆出鱼形即可。

什锦鱼片

材料 鲈鱼1条，红椒片、梨片、蛋清、荷兰豆段、葱姜汁、水发黑木耳片各适量。

调料 辣椒、料酒、盐、味精、水淀粉各1小匙。

做法 ❶鲈鱼处理洗净，切薄片，用盐、味精、蛋清、水淀粉上浆。

❷烧热锅，入鱼片滑散至熟，入红椒片、荷兰豆、梨片、黑木耳片、葱姜汁、盐、料酒、味精、烧开投入全部原料炒匀，用水淀粉勾芡即成。

鲈鱼

营养功效

◎补肝肾、益脾胃：鲈鱼具有补肝肾、益脾胃、化痰止咳之效，对肝肾不足的人有补益作用。

◎维持神经系统功能：鲈鱼血中含有较多的铜元素，能维持神经系统的正常功能，并促进物质代谢的关键元素——酶的功能的发挥。

宜忌人群

✔孕产妇、贫血患者宜食。

✔小儿百日咳患者宜食。

✖患有皮肤病、疮肿者忌食。

黄鱼

营养功效

◎延缓衰老，防癌抗癌：黄鱼含有丰富的微量元素硒，能清除人体代谢产生的自由基，延缓衰老，对各种癌症都有一定的预防及改善作用。

◎补肾益精，散瘀消肿：黄鱼鳔含有高黏性胶体蛋白和多糖物质，具有补肾益精、滋养筋脉、止血、散瘀的作用。

宜忌人群

- 产妇宜食。
- 贫血患者宜食。
- 高血脂患者宜食。
- 破伤风患者宜食。
- 癌症患者宜食。
- 哮喘患者忌食。

泡豇豆炒黄鱼

材料 小黄鱼3条，泡豇豆丁100克，蒜苗段、葱花、姜末、姜片、蒜末各适量。

调料 料酒、花椒油、淀粉、香油各2小匙，干辣椒圈、盐、味精各适量。

做法 ❶小黄鱼处理干净，用姜片、葱片、料酒、盐腌渍10分钟，裹上淀粉，炸至酥香。

❷热油锅，炒香干辣椒、蒜苗、蒜末、姜末，加泡豇豆、黄花鱼、味精颠翻，淋花椒油、香油，撒葱花即可。

辣味黄鱼

材料 黄鱼500克，红辣椒段少许，葱段、姜丝、蒜片各适量。

调料 盐、白糖、酱油、香油、豆瓣酱、甜面酱、料酒、味精、高汤各适量。

做法 ❶黄鱼处理干净。

❷烧油锅，爆炒红辣椒段、葱段、姜丝和蒜片、盐、白糖、酱油、豆瓣酱、甜面酱和味精，变色时加料酒。

❸放黄花鱼，加高汤，大火烧沸改小火炖。汤汁少时，滴香油即成。

金针菇炒海蜇皮

材料 海蜇皮300克，金针菇200克，芹菜3根，蒜末、葱末、红椒丝各少许。

调料 香醋、盐、辣鲜露、生抽各少许。

做法 ❶海蜇皮发制好，切丝，入沸水中汆烫，捞出沥干。

❷金针菇汆烫，过水；芹菜切段。

❸油锅烧热，爆香蒜末、葱末，入海蜇丝、金针菇、芹菜段、红椒丝、所有调料调味，装盘即可。

蜇皮炒鸡丝

材料 鸡胸肉丝、海蜇皮各150克，香菜段、葱丝各适量。

调料 A.盐适量，淀粉半大匙，水50克；B.料酒1大匙，生抽半大匙，盐适量。

做法 ❶海蜇皮泡发，切细丝，汆烫备用，再泡水约1小时；鸡肉丝，用调料A腌15分钟，入油锅滑散盛出。

❷锅中留油烧热，倒入鸡肉丝、海蜇皮丝、香菜段、葱丝翻炒，淋入调料B，大火快炒即可。

海蜇

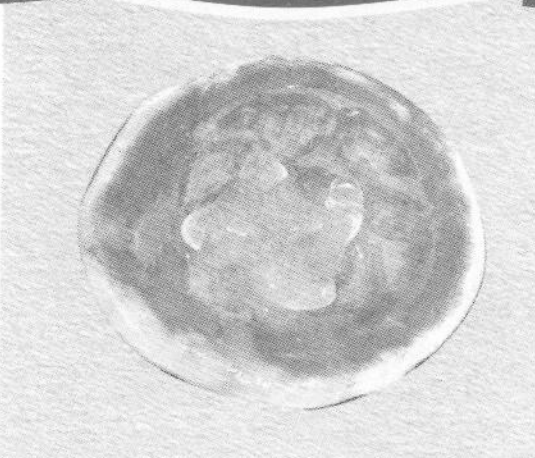

营养功效

◎补碘：海蜇富含大量的碘，对于缺碘者而言，经常食用海蜇可有效补碘。

◎清理肠胃，促进代谢：海蜇有清理肠胃、加速体内粉尘代谢的作用。从事纺织、粮食行业的工作者，经常食用海蜇，可以减轻粉尘污染对身体造成的一系列伤害。

宜忌人群

✔慢性支气管炎、咳嗽、哮喘患者宜食。

✔醉酒者宜食。

✔便秘者宜食。

✘腹泻患者慎食。

鸡蛋

营养功效

◎蛋白质的重要来源：鸡蛋中含有大量的维生素和矿物质及蛋白质。对人体而言，鸡蛋的蛋白质品质佳，仅次于母乳。

◎修复肝脏组织损伤，防癌抗癌：鸡蛋所含的维生素B_2及少量的微量元素有助于分解和氧化体内的致癌物质，具有防癌作用。

宜忌人群

✔婴幼儿及生长发育期青少年宜食。

✔体质虚弱者宜食。

✘心脑血管疾病患者节制食用。

芹菜炒鸡蛋

材料 芹菜350克，鸡蛋3个，水发枸杞子适量。

调料 盐适量。

做法 ❶芹菜择叶，去根，洗净后切段，放入碗内，磕入鸡蛋，加盐搅匀。

❷油锅烧热，倒入芹菜鸡蛋液，慢火翻炒。

❸放入盐，炒均匀后出锅装盘，撒枸杞子即可。

毛豆炒鸡蛋

材料 毛豆300克，鸡蛋4个，水发枸杞子适量。

调料 盐、白糖各适量。

做法 ❶将鸡蛋打入碗内，放少许盐打散，备用；毛豆洗净，煮熟备用。

❷油锅烧热，倒入鸡蛋液炒散，加入毛豆翻炒，然后加盐、白糖调味，炒好装盘，撒枸杞子即可装盘。

青红椒火腿炒鸡蛋

材料 青椒250克，红椒150克，火腿50克，鸡蛋4个。

调料 盐、胡椒粉、奶油各适量。

做法 ❶将青椒、红椒去子，切丝；火腿切丝。

❷鸡蛋打入碗中，搅拌均匀，备用。

❸油锅烧热，下入青椒丝、红椒丝、火腿丝稍炒，然后倒入鸡蛋液炒熟，放入奶油、盐、胡椒粉调味，炒匀即可装盘。

特色炒蛋

材料 鸡蛋4个，熟咸蛋、松花蛋、西红柿各1个，香菜末少许。

调料 生抽、盐、水淀粉各适量。

做法 ❶咸蛋、松花蛋去壳，切成大颗粒；鸡蛋液加盐、生抽、油搅匀；西红柿用开水汆烫去皮，去子后切成小块。

❷西红柿爆炒3分钟。

❸把鸡蛋液、咸蛋丁、松花蛋丁、西红柿搅匀。

❹油锅烧热，放入做法❸中的材料炒熟，撒香菜末，装盘即可。

洋葱什锦蛋

材料 洋葱、芹菜、胡萝卜各100克，鸡蛋4个，葱末适量。

调料 盐、味精、胡椒粉各适量。

做法 ❶将鸡蛋打入碗中。洋葱剥皮，洗净，切丝；胡萝卜洗净，去皮，切丝；芹菜洗净，去老筋，切末。

❷在打好的鸡蛋中加盐、味精、胡椒粉，放入洋葱丝、芹菜末、胡萝卜丝搅匀成蛋菜糊。

❸油锅烧热，下蛋菜糊，炒熟，撒葱末装盘即可。

胡萝卜炒鸡蛋

材料 胡萝卜200克，鸡蛋4个，黄瓜50克，葱末、姜末各少许。

调料 盐、味精、香油各适量。

做法 ❶ 胡萝卜洗净，去皮，切菱形片；黄瓜洗净，切菱形片；鸡蛋打入碗内，调入少许盐搅匀备用。

❷ 油锅烧热，入鸡蛋液炒熟，盛出，备用。

❸ 油锅烧热，下葱末、姜末爆香，放入胡萝卜、黄瓜炒至八分熟，调入盐、味精炒熟，再放入炒好的鸡蛋，迅速翻炒均匀，淋香油，出锅装盘即可。

下厨小贴士

胡萝卜素是脂溶性物质，只有溶解在油脂中，才能在人体的小肠黏膜作用下转变为维生素A而被吸收。因此，做胡萝卜时，要多放些油。

赛螃蟹

材料 鸡蛋8个，姜末50克，豌豆适量。

调料 番茄酱、盐、白醋、味精各适量。

做法 ❶ 姜末加白醋、盐、味精、少许水调好成姜醋汁。

❷ 将鸡蛋的蛋清与蛋黄分开，蛋清搅匀，入蒸锅蒸熟，切成碎块，相当于“蟹肉”；蛋黄加适量水搅匀，做“蟹黄”备用。

❸ 油烧至五成热时，倒入蛋黄液翻炒，待蛋黄变成稀糊状时，倒入蛋清块，再加入姜醋汁翻匀，盛盘，淋少许番茄酱，加豌豆即可。

山药炒皮蛋

材料 山药半根，皮蛋1个，葱末、姜末各适量。

调料 盐1大匙，太太乐鸡精1小匙。

做法 ❶山药去皮、洗净，切条，入锅蒸熟；皮蛋去壳，切成4瓣。

❷炒锅放油烧热，加入葱末、姜末爆香。

❸放入山药、松花蛋翻炒几下，加调料炒匀即可。

香熘松花蛋

材料 皮蛋3个，鸡蛋2个，水发黑木耳50克，荸荠50克，葱末、姜末各少许。

调料 酱油2大匙，白糖半大匙，白醋1大匙，面粉、水淀粉、香油各少许。

做法 ❶皮蛋去壳，逐个剖成8瓣；鸡蛋与面粉、水淀粉和清水调成糊，皮蛋挂糊。

❷油锅烧热，爆香葱末、姜末，黑木耳、荸荠片、酱油、白糖、清水，用水淀粉勾芡，加皮蛋块，淋入白醋、香油炒匀即可。

皮蛋

营养功效

◎促进消化：皮蛋可以刺激消化器官，中和胃酸，增进食欲，促进营养的消化吸收。

◎降血压：皮蛋能够保护血管，具有养阴止血、降压等多种功效。

宜忌人群

✔ 体热者宜食。

✔ 高血压患者宜食。

✘ 虚寒体质者忌食。

✘ 儿童少食。

鹌鹑蛋

营养功效

◎补益气血：鹌鹑蛋有补益气血的作用，用于肺痨气血不足，常与白芨同用；用于小儿气血不足。

◎健脾消食：鹌鹑蛋能补脾益气，对虚羸少气、痞积、营养不良等症有辅助治疗作用。

宜忌人群

✓肾虚、阳痿、体虚贫血者宜食。

✓糖尿病、高血压患者宜食。

✓肺结核、胃病患者宜食。

✓支气管炎、代谢障碍者宜食。

✗肾炎患者忌食。

酱汁鹌鹑蛋

材料 鹌鹑蛋10个，红椒块50克，蒜片、姜片各适量。

调料 盐、白糖、酱油、番茄酱各少许，老醋、水淀粉各适量。

做法 ❶鹌鹑蛋煮熟剥壳，调入酱油、盐腌渍。

❷鹌鹑蛋炸至金黄色，红椒块滑油，捞起沥油，备用。

❸油锅烧热，爆香蒜片、姜片，调入番茄酱、老醋、白糖烧沸，放入鹌鹑蛋、红椒块，用水淀粉勾芡，迅速炒匀即可。

青椒南瓜炒蛋

材料 鹌鹑蛋10个，南瓜200克，青椒1个，生姜、红椒丝各适量。

调料 盐、味精、香油、白糖、水淀粉各适量。

做法 ❶鹌鹑蛋煮熟去壳；南瓜去皮、去籽、切块；青椒切片；生姜去皮切片。

❷油锅烧热，放入生姜片、鹌鹑蛋、南瓜块、青椒片、盐炒至八成熟，调入味精、白糖轻炒，再用水淀粉勾芡，淋入香油，撒红椒丝即可。

虾酱豆腐

材料 豆腐500克，葱花、姜末、蒜末各少许。

调料 虾酱2大匙，白糖、蚝油各少许，水淀粉、香油各适量。

做法 ❶把豆腐切小块，煎黄。

❷锅热油，爆香葱花、姜末、蒜末、虾酱，加豆腐、糖、蚝油、水，盖上盖子，小火焖一会儿，让豆腐入味。

❸出锅前，用水淀粉勾芡，滴香油，撒葱花即可。

炒桂花豆腐

材料 豆腐1块，猪肉馅100克，鸡蛋2个，葱1根。

调料 盐1小匙，味精适量。

做法 ❶鸡蛋打入碗内搅匀；葱切花；豆腐上屉蒸透取出切块。

❷起锅热油，放入猪肉馅炒至变色，放入葱花爆香，再下入鸡蛋液翻炒至定浆，放入豆腐，加调料翻炒均匀，装盘即可。

黄豆制品

营养功效

◎延缓衰老：经常食用黄豆及豆制品之类的高蛋白食物，能滋养皮肤、肌肉和毛发，延缓衰老。

◎改善大脑机能：黄豆中所含的卵磷脂是大脑细胞组成的重要成分，常吃黄豆对增强和改善大脑机能，缓解更年期症状有重要的作用。

宜忌人群

✔动脉粥样硬化、冠心病、脂肪肝患者宜食。

✔更年期女性宜食。

✘痛风、尿酸过高者要慎食。

肉末熘豆腐

材料 豆腐400克，猪肉末50克，西红柿25克，葱半根，姜1小块。

调料 盐、鸡精、白糖各半小匙，水淀粉、番茄酱各1小匙。

做法 ❶将豆腐、西红柿切成块，葱、姜均切末。

❷油烧至三成热，下肉末煸炒均匀，放入葱、姜末煸香，再放入豆腐块、西红柿块翻炒片刻，加入番茄酱、盐、鸡精、白糖调味，勾芡即可。

青椒木耳炒豆腐

材料 卤水豆腐块200克，青椒片100克，去皮油炸花生米、葱段各50克，水发黑木耳片、枸杞子各适量。

调料 盐、味精、鸡精、酱油各少许，高汤、香油各适量。

做法 ❶将豆腐块煎至金黄色，捞出沥油。

❷另起油锅烧热，下入葱段爆香，倒入高汤，放入豆腐块，调入酱油、盐、鸡精、味精，下入青椒片、黑木耳片炒至成熟，淋香油，装盘，撒花生米和枸杞子即可。

双耳豆腐

材料 卤水豆腐片200克，水发黑木耳、水发银耳、葱、姜、水发枸杞子各适量。

调料 盐、味精、蚝油、高汤各少许，香油、水淀粉各适量。

做法 ❶油锅烧热，将豆腐逐片下入，炸至金黄色时捞起，沥油备用。

❷另起油锅烧热，放入葱、姜爆香，放入黑木耳、银耳、豆腐片，倒入高汤，调入蚝油、盐、味精，小火翻炒至熟，用水淀粉勾芡，淋香油，撒枸杞子即可。

肉末豆腐

材料 北豆腐200克，肉末、油麦菜各100克，葱花少许。

调料 盐、味精、水淀粉、花椒粉各适量。

做法 ❶北豆腐洗净沥干，切块；油麦菜洗净，焯水，切段。❷将油锅烧热，放入葱花、花椒粉爆香，放入肉末煸炒，再加油麦菜、豆腐块翻炒均匀，调入盐和味精，用水淀粉勾薄芡，装盘即可。

花雕香菇豆腐

材料 新鲜北豆腐1块，香菇25克，姜末、葱段各适量。

调料 花雕酒2匙，老抽、生抽、大料、花椒、桂皮、鸡精、白糖、香油、盐各适量。

做法 ❶北豆腐切块，汆烫，入油锅中煎黄。❷锅中继续加油烧热，爆香葱段、姜末、桂皮、大料、花椒，倒入豆腐块，转中火翻炒一下，倒入老抽、花雕酒、香菇、生抽、鸡精、白糖、香油和盐炒匀即可。

泡豇豆炒腐丁

材料 豆腐块150克，泡豇豆段75克，朝天椒、野山椒圈各20克。

调料 盐、味精、干淀粉各适量，花椒油、香油各少许。

做法 ❶豆腐块裹上干淀粉，入六成热的油锅中炸至色泽金黄时捞起沥油。❷锅置中火上，入油烧至五成热，下入泡豇豆段、朝天椒圈、野山椒圈炒香，加豆腐块、盐、味精翻炒均匀，淋入香油、花椒油，出锅晾凉，装盘即可。

蒜苗炒豆腐干

材料 蒜苗、豆腐干各200克，青尖椒、红尖椒各30克。

调料 盐、味精各1小匙，水淀粉、香油、白糖各适量。

做法 ❶ 豆腐干洗净切丁；蒜苗洗净切段；青尖椒、红尖椒去瓤，洗净，切丁。

❷ 锅内加水烧开，放入豆腐干丁稍煮片刻，捞起，备用。

❸ 烧锅下油，加入蒜苗和青尖椒丁、红尖椒丁炒至八成熟，放入豆腐干丁，调入盐、味精、白糖爆炒至材料熟透，用水淀粉勾芡，出锅前淋入香油即成。

下厨小贴士

豆腐干富含蛋白质，不仅含有人体必需的8种氨基酸，而且其比例也接近人体需要，营养价值较高。

豆干炒鱼干

材料 豆腐干5片，小鱼干30克，青椒2个，红椒1个，葱2根，姜丝1大匙。

调料 酱油2小匙，盐适量。

做法 ❶ 小鱼干放入清水中浸泡，洗净沥干，入锅中煸炒至酥脆，捞出沥油，备用；豆腐干洗净切条；青椒、红椒均洗干净，切斜段；葱洗净，切段。

❷ 锅中入油烧热，加入豆腐干和葱段拌炒，再下入青椒段、红椒段及所有调料拌炒一下，最后加入小鱼干拌炒均匀即可。

酸菜豆干炒豆仁

材料 酸菜心丁150克，豆腐干丁100克，毛豆仁250克，红椒丁适量，葱末1大匙。

调料 酱油、白糖各适量，香油、盐各少许。

做法 ❶毛豆仁洗去薄膜，汆烫至熟。

❷油锅烧热，将豆腐干煎黄，淋酱油烹香，加酸菜心丁、白糖、水同炒。

❸放入毛豆仁炒匀，待汤汁将收干时，加葱末、盐撒入红甜椒丁，滴入香油拌炒即可。

芹菜土豆炒豆干

材料 芹菜200克，豆干150克，土豆50克，葱末、姜末各适量。

调料 盐、味精、酱油、料酒、花椒、香油各适量。

做法 ❶芹菜去老筋后择洗干净，切段；豆干切条备用；土豆去皮洗净，切条。

❷炒锅上火，倒入水烧开，放入土豆条、芹菜片、豆干条汆烫备用。

❸油锅烧热，下花椒、葱末、姜末爆香，倒入料酒，下芹菜段、土豆、豆干条，调酱油、盐、味精翻炒均匀，淋上香油即可。

豇豆炒豆干

材料 酸豇豆丁100克，豆干丁50克，青尖椒丁、红尖椒丁、香菜、蒜蓉各适量。

调料 盐、味精各少许，水淀粉、辣椒酱、白醋、香油、蒜油各适量。

做法 ❶酸豇豆放在碗中，加入清水浸过面，放入蒸笼中用中火蒸透。

❷油锅烧热，爆香蒜蓉、辣椒酱，放豆干丁、酸豇豆丁、青尖椒丁、红尖椒丁，调入盐、味精、白醋爆炒至干香，用水淀粉勾薄芡，再放入香菜炒匀，下香油、蒜油调匀即可。

素合炒

材料 香干250克，香菇、冬笋、青椒、红椒各50克，葱末、姜末各少许。

调料 盐、味精、料酒各少许，白糖、胡椒粉各适量。

做法 ❶香干洗净，切条；香菇泡发，去根，切条；青红椒洗净，去蒂及籽，切条。

❷冬笋洗净沥干，切条，加少量料酒、盐拌匀腌渍。

❸锅置火上，加油烧热，下冬笋条炸至变成浅黄色，放入青、红椒条和香干条同炸，熟后盛出备用。

❹锅内留油，继续加热，放入葱末、姜末爆香，下香菇条、冬笋条、青红椒条、香干条同炒，加入剩下的全部调料，翻炒均匀，出锅即成。

香菇腊肉炒臭干

材料 臭干块1袋，腊肉片100克，香菇片150朵，芥蓝片200克。

调料 剁椒4大匙，老抽半小匙，水淀粉1大匙。

做法 ❶臭干煮2分钟，切块；腊肉煮10分钟后捞出，切片。

❷油锅烧至七成热时，倒入剁椒煸炒出香味，注入一杯水烧开后，放入臭干块、腊肉片和香菇块，调入老抽，加盖煮5分钟。

❸打开盖子，入芥蓝片翻炒，用水淀粉收汁即可。

豆皮炒海带

材料 干海带200克，豆腐皮350克，葱丝少许，枸杞子适量。

调料 盐、味精、鸡精、料酒、酱油、水淀粉、香油、高汤各适量。

做法 ❶干海带用温水泡发开，沥干水分，切丝；豆腐皮切丝。

❷海带丝、豆腐皮汆烫，沥干水分备用。

❸油锅烧热，下葱丝爆香，烹入料酒，放入海带丝炒1分钟，加入高汤，下入豆腐皮丝，调入盐、鸡精、酱油、味精，小火煨一会，调入水淀粉勾芡，淋香油，撒枸杞子即可。

下厨小贴士

吃海带后不要马上喝茶，也不要吃酸涩的水果，因为海带中含有丰富的铁，以上两种食物都会阻碍体内铁的吸收。

雪菜炒豆皮

材料 薄豆腐皮100克，雪菜100克，红椒丝、葱丝、姜丝各5克。

调料 盐、鸡精各半小匙，料酒1小匙，鲜汤100克，水淀粉2小匙。

做法 ❶薄豆腐皮切成细丝，用开水汆一下，沥干；雪菜洗净切末。

❷油锅烧热，把葱丝、红椒丝、姜丝放入锅中煸炒，飘出香味后放入雪菜煸炒，加入薄豆腐皮丝、盐、鸡精、料酒及鲜汤，烧沸。

❸用水淀粉勾芡，淋明油即可。

黄瓜炒豆皮

材料 豆腐皮200克，黄瓜片100克，鲜香菇7朵，胡萝卜片50克，姜片适量。

调料 酱油、料酒、盐、食用碱、白糖、胡椒粉、香油各适量。

做法 ❶香菇加酱油、料酒、盐煮至入味；胡萝卜片汆烫至熟。

❷把豆腐皮洗净，放入沸水中，煮至颜色变白，捞出洗净，切成大块。

❸油锅烧热，炒香姜片，加入除香油外所有原料略烧，最后淋香油即可。

香辣豆皮

材料 豆皮2张，水发黑木耳10克，青椒块、红椒块、胡萝卜片各适量，葱末少许。

调料 盐、生抽、辣黄豆酱、油辣子各适量。

做法 ❶豆皮入水浸泡，洗净，切片。

❷锅内加油烧热，爆香葱末，高入辣黄豆酱、油辣子煸炒出香味，倒入豆皮片、胡萝卜片和黑木耳翻炒，加生抽、盐调味，下青椒块、红椒块略炒，即可盛盘。

蚕豆炒豆皮

材料 豆腐皮150克，蚕豆、榨菜各50克。

调料 白糖、酱油、小苏打粉各适量。

做法 ❶豆腐皮洗净，浸入加了小苏打粉的温水之中，泡软后捞出过一遍清水，沥干后切小片。

❷蚕豆洗净；榨菜洗净，切条。

❸油锅烧热，倒入蚕豆炒熟，再加入榨菜条、豆腐皮片翻炒均匀，加适量清水，稍煮之，调入白糖、酱油，出锅即成。

炝炒腐竹

材料 腐竹250克，猪五花肉、黄瓜、水发黑木耳各100克，葱花少许。

调料 盐、鸡精各少许，料酒、白糖、酱油各适量。

做法 ❶腐竹用水泡发后切段；五花肉洗净，切片；黄瓜去皮洗净，切片；干黑木耳择洗干净，撕成小片。

❷油锅烧热，放入肉片翻炒，炒至将熟时盛出，备用。

❸锅留底油，继续加热，下葱花爆香，放入腐竹段、黑木耳片炒散，再加入肉片、黄瓜片炒匀，调入料酒、白糖、盐、酱油、味精，翻炒几下，装盘即可。

大蒜虾皮炒腐竹

材料 腐竹300克，大蒜100克，虾皮50克，水发枸杞子、葱丝各适量。

调料 盐、味精、酱油、香油各适量。

做法 ❶腐竹用水泡发，撕开，切段；虾皮加适量水泡发；大蒜切片。

❷油锅烧热，下入蒜丝略煸炒，加入腐竹段、虾皮炒匀，加少许水煮3分钟。

❸调入酱油、盐再煮3分钟，加味精，淋上香油即可。

蚕豆

营养功效

◎促进骨骼发育：蚕豆富含钙，多食蚕豆有利于人体对钙的吸收，促进骨骼发育。

◎预防心脑血管疾病：常食蚕豆可减少和预防心脑血管疾病的发生。

◎预防癌症：蚕豆中有一种外源凝集素，可以附着在肠壁细胞吸收一些分子，这些分子可抑制肿瘤生长，因此蚕豆有防癌作用。

宜忌人群

✔水肿、慢性肾炎患者宜食。

✔心脏病、高血压患者宜食。

香菇栗子炒蚕豆

材料 香菇200克，栗子、蚕豆各100克，红椒、青椒、葱花、姜末、蒜末各少许。

调料 味精适量，盐、蚝油各1小匙。

做法 ❶将香菇、栗子、蚕豆分别汆烫，捞出；红椒、青椒洗净，切块。

❷锅内油热，爆香葱、姜、蒜，放入香菇、栗子、蚕豆翻炒，再放入红椒块、青椒块、盐、蚝油同炒，起锅前撒入味精即可。

清炒蚕豆

材料 嫩蚕豆400克，蒜泥适量。

调料 盐、味精、酱油、醋、辣椒油各适量。

做法 ❶嫩蚕豆洗干净，备用。

❷将蒜泥、味精、酱油、醋、辣椒油倒在一起，调成味汁。

❸油锅烧热，下嫩蚕豆翻炒，加盐调味，后放适量水将蚕豆煮熟，倒入调好的味汁，翻炒均匀，即可出锅。

鱼干炒青豆

材料 鱼干50克，青豆100克，青椒、红椒各1个，蒜末、姜末、葱末各适量。

调料 盐、白糖、料酒、蚝油各适量。

做法 ❶鱼干用清水浸泡，沥干；青豆洗净；青椒、红椒分别去蒂、籽，改刀成块。

❷油锅烧热，下入葱、姜、蒜末，下入鱼干、青豆，青椒片、红椒片一同翻炒成熟，加盐、白糖、料酒、蚝油调味，装盘即可。

梅干菜炒青豆

材料 新鲜的梅干菜200克，青豆100克，姜末、葱末各适量。

调料 料酒、香油各适量。

做法 ❶梅干菜清洗干净，上笼蒸透，切成末。

❷青豆洗净，入沸水中汆烫，捞出沥干。

❸锅置火上倒油烧热，下入姜末、葱末爆香，再加入梅干菜、青豆炒香，烹入料酒，出锅前淋上香油，装盘即可。

青豆

营养功效

◎保持血管弹性：青豆内含丰富的大豆磷脂以及不饱和脂肪酸，有保持血管弹性、防止脂肪肝形成等诸多作用。

◎抗癌防癌：青豆中含有极丰富的蛋白酶抑制剂、皂角苷、异黄酮、钼、硒等抗癌成分，对肠癌、皮肤癌、食道癌等各种癌症都有一定的抑制作用。

宜忌人群

- 高血压患者宜长期食用。
- 皮肤病患者宜长期食用。
- 消化不良者宜食。

萝卜干炒青豆

材料 萝卜干300克，青豆150克，红椒片、姜末、葱末各适量。

调料 盐、味精、辣椒面各适量。

做法 ❶萝卜干洗净，沥干，改刀成小丁；青豆洗净，入沸水中，加少许盐氽烫，捞出沥干。

❷锅置火上倒油烧热，下入葱末、姜末爆香锅，加入萝卜干丁、青豆、红椒片翻炒成熟，加入盐、味精、辣椒面调味，即可出锅，装盘。

清炒青豌豆

材料 青豌豆300克，火腿10克，玉兰片5克。

调料 盐、鸡精、白糖、水淀粉各适量。

做法 ❶将青豌豆洗净，沥干，入沸水中氽烫，捞出沥干。

❷将火腿与姜片分别切成菱形片。

❸锅置火上倒油烧热，下入玉兰片、火腿片、豌豆翻炒成熟，加盐、鸡精、白糖调味，加水淀粉勾薄芡，收汁，装盘即可。

第三章

创意炒菜

令人拍案叫绝

围炉话家常，在感受家庭温暖的同时，做一道创意美食。水果、蔬菜、菌菇、海鲜应有尽有，色泽、质感自然天成，营养健康两相宜，小滋小味，别有情调，更是别有一番滋味在心头。

家常豆腐

材料 嫩豆腐400克，猪肉馅80克，葱花1大匙，姜末、蒜末各1小匙。

调料 辣豆瓣酱1大匙，盐适量，香油、白糖各少许，高汤150克，水淀粉1小匙。

做法 ❶嫩豆腐切成1.5厘米厚的三角块，入锅炸半分钟，捞出后将油沥干。

❷油锅烧热，爆炒肉馅，放蒜末、姜末及辣豆瓣酱翻炒，加清汤、盐、白糖、豆腐，小火煮3分钟左右。

❸将水淀粉淋入，倒入香油、葱花即可。

京酱肉丝

材料 猪里脊肉300克，蛋清1个，葱白2根，红椒丝少许。

调料 A.酱油、料酒各1大匙，水淀粉2大匙；B.甜面酱2大匙，白糖2小匙；C.葱姜水、料酒各适量，酱油1大匙。

做法 ❶里脊肉洗净切丝，加调料A及蛋清抓匀，略腌；葱白洗净切丝。

❷油锅烧热，放入肉丝滑散至七成熟捞出。

❸另起油锅，放调料B炒至酱香，放入肉丝、调料C炒匀，撒上葱白丝、红椒丝即可。

蚂蚁上树

材料 水发粉丝200克，猪肉末50克，葱花、姜末、蒜蓉各适量。

调料 高汤、豆瓣酱、酱油、香油、白糖各适量。

做法 ❶倒入半锅水烧沸，放入粉丝汆烫2分钟，至颜色变白并膨胀，捞出沥干。

❷油锅烧热，放入葱花、姜末、蒜蓉煸炒出香味后放入猪肉末炒散，加入高汤、豆瓣酱、酱油、香油、白糖，最后加入粉丝，煮至汤汁收干，撒葱花即可。

地三鲜

材料 长茄子3根，土豆1个，青椒、红椒各1个，葱末、姜末各少许。

调料 盐、味精、酱油各适量。

做法 ❶长茄子切滚刀块；青椒、红椒均切成三角块。

❷土豆去皮，切滚刀块，入热油中稍炸，捞出沥油，备用。

❸锅置火上倒油烧热，下入葱末、姜末、茄块炒软，加入土豆块、青椒块、红椒块炒至成熟，加盐、味精、酱油调味。

木须肉

材料 水发黑木耳、黄花菜、黄瓜片、葱花各少许，猪里脊肉300克，鸡蛋2个。

调料 料酒、淀粉、盐、白糖各适量，酱油1汤匙，水淀粉、香油各2小匙。

做法 ❶黑木耳撕片，黄花菜切段；里脊肉用料酒和淀粉腌5分钟；鸡蛋打散，加清水和几滴料酒炒散。

❷油锅烧热，入葱花爆香，入里脊肉片、黑木耳片和黄花菜段翻炒，调酱油、盐、白糖、水炒2分钟。加鸡蛋、黄瓜片，用水淀粉勾芡，淋香油炒匀。

鱼香肉丝

材料 瘦猪肉300克，荸荠6个（或笋半支），水发黑木耳、泡红辣椒各30克，姜末1小匙，葱末1大匙，蒜末2小匙。

调料 腌料（酱油、淀粉各1大匙，水2大匙），醋、辣豆瓣酱各1大匙，酱油、白糖、料酒各2小匙，盐、淀粉各适量，香油、胡椒粉各少许。

做法 ❶所有材料均洗净，将猪肉切成细丝，用腌料拌匀，腌10分钟以上；黑木耳切细丝；荸荠去皮，也切成丝；泡红辣椒切圈。

❷油锅烧热，倒入肉丝，迅速拨散，肉熟时，捞出，余油倒出。

❸油锅烧热，先爆炒姜末、蒜末、葱末、泡椒圈，续放入荸荠丝、黑木耳丝同炒，然后将猪肉丝加入翻炒数下，并倒入剩余调料，迅速翻炒均匀即可。

糖醋里脊

材料 猪里脊肉片250克，鸡蛋液1个，面粉、葱末、姜末各适量。

调料 料酒20克，醋50克，白糖20克，盐2克，水淀粉3大匙，香油10克，高汤适量。

做法 ❶猪里脊肉片加鸡蛋液、水淀粉、面粉抓匀；碗中放料酒、白糖、醋、盐、葱末、姜末、水淀粉及少许高汤拌匀勾兑成汁。

❷油锅烧热，下入肉片，炸至焦脆，捞出控油。

❸锅留底油，烹入做法❷的肉片，翻炒，淋香油即可。

青椒炒肉丝

材料 猪瘦肉300克，青椒100克，蛋清1个。

调料 盐、料酒、淀粉、肉鲜汤各适量。

做法 ❶将猪肉洗净，切成丝，用盐、蛋清、淀粉拌匀；青椒洗净，去蒂和子，切成丝。

❷油锅烧热，肉丝下锅，待熟后倒入漏勺沥油。锅内留少许油烧热，将青椒丝放入翻炒几下，加盐、味精、料酒、肉鲜汤，搅匀后加盖，待烧沸后，用淀粉勾芡，放入肉丝炒匀即可。

土豆丝滑炒里脊

材料 土豆1个，猪里脊肉50克，鸡蛋1个（取蛋清），葱段少许。

调料 花椒、盐、料酒、味精、淀粉各适量。

做法 ❶将土豆去皮，改刀成丝，用盐水浸泡。

❷里脊肉切成丝，加盐、料酒腌渍，加蛋清、淀粉上浆。

❸锅置火上倒油烧热，下入肉丝滑散，捞出沥油。

❹锅内留底油，入花椒爆香，放土豆丝爆炒成熟，加里脊肉丝、葱段翻炒，加盐、料酒、味精调味。

酸豆角炒肉末

材料 酸豆角200克、肉末150克、葱、姜、大蒜、干辣椒各适量。

调料 生抽、盐少许、鸡精、香油各适量。

做法 ❶酸豆角洗净泡冷水10分钟，捞出切成颗粒待用。

❷油锅里先下入姜末、生抽、肉末炒香，然后再下入干辣椒段爆香。

❸把酸豆角粒倒入，放少许葱和盐，翻炒片刻。起锅时撒少许鸡精，滴香油即可出锅。

农家小炒肉

材料 猪五花肉300克，杭椒、大蒜、姜各适量。

调料 盐、味精、酱油、辣酱各适量。

做法 ❶五花肉洗净，切片；大蒜去皮，切片；姜洗净，切片；杭椒洗净，切段。

❷起锅热油，放五花肉片煸炒出油，加蒜片、姜片、辣酱、杭椒段，用大火煸炒3分钟，加盐、味精、酱油调味炒熟，装盘即可。

家常腰花

材料 猪腰300克，青椒丝、红椒丝各20克，姜丝、蒜片、葱丝、香菜段各适量。

调料 盐、老抽、白糖、料酒各少许。

做法 ❶将猪腰去筋膜洗净，改刀成条。

❷锅置火上倒油烧热，下入姜丝、蒜片、葱丝炒香，加入腰花条、青椒丝、红椒丝翻炒至熟，加盐、老抽、白糖、料酒调味即可。

❸在出锅前，撒香菜段翻炒几下即可。

韭菜炒香干

材料 豆腐干300克，韭菜150克，干辣椒段适量。

调料 盐2小匙，花椒粒10粒，味精少许。

做法 ❶韭菜择洗干净，切长段。

❷豆腐干从中批切成两块，再横切厚片，放入沸水锅内加盐汆烫，去异味，盛出，切条。

❸锅内放油烧热，放入花椒粒、干辣椒段炸香，再依次放入豆腐干条、韭菜段、盐、味精翻炒至韭菜断生即可装盘。

宫保鸡丁

材料 鸡腿1只（约250克），生花生米适量，葱白2根，姜1小块，大蒜4瓣。

调料 A.料酒1大匙，水淀粉2大匙，盐1小匙；B.花椒粒、干辣椒段各适量；C.盐适量，高汤少许，水淀粉、醋各1大匙，白糖2小匙，鸡精少许。

做法 ❶ 鸡腿洗净，剔去粗骨，切成丁状，加入调料A抓拌，腌渍5分钟以上；葱白洗净，切粗粒，姜和大蒜洗净切小方薄片。

❷ 生花生米洗净，放入锅内，加入盐，用小火炒酥香，去皮，留花生米备用。

❸ 锅内放油烧至六成热，加入调料B炸成棕红色，放入鸡丁炒散，加入葱粒、蒜片、姜片共同炒香。

❹ 将调料C调匀后烹入锅中，倒入花生米炒匀，收汁即可。

西红柿咕咾肉

材料 猪里脊肉300克，新鲜西红柿2个，鸡蛋清1个，葱段适量。

调料 白糖、醋、盐、味精、料酒、干淀粉、面粉、柠檬汁各适量。

做法 ❶ 猪里脊肉洗净，切块，加盐、味精、料酒腌渍15分钟；将西红柿去皮，制成蓉。

❷ 将面粉、鸡蛋液、干淀粉拌匀成全蛋糊。

❸ 油锅烧热，猪肉块裹匀全蛋糊入油炸熟，捞起。

❹ 锅底留油，爆香葱段、西红柿蓉，白糖、醋、盐、柠檬汁，放肉块翻炒，撒葱段装饰即可。

菠萝里脊

材料 腌渍过的猪里脊块300克，菠萝块50克，泡红辣椒1个，姜末、葱花、蒜末适量。

调料 A.盐1小匙，料酒1大匙；B.全蛋淀粉1大匙；C.水淀粉1小匙，白醋、生抽、白糖各1大匙，高汤半碗。

做法 ❶ 泡红辣椒去蒂、子，剁成细末。

❷ 油锅烧热，下入菠萝块过油，捞出控油，将里脊块炸至定形，捞出控油；待油温升高，放入里脊块复炸至外酥内嫩。

❸ 锅底留油烧热，加泡椒末炒断生，加入姜、蒜末炒香，调料C调成味汁倒入锅内，大火收汁至浓，放入菠萝块、里脊块，撒葱花炒匀，装盘。

菠萝嫩姜炒鸭片

材料 菠萝400克，嫩鸭肉250克，嫩姜150克，红辣椒2个。

调料 生抽、料酒、盐、味精、糖、水淀粉各适量。

做法 ❶ 嫩鸭肉洗净切片，加生抽、料酒、部分水淀粉拌匀，腌一会。

❷ 菠萝肉切片，用盐水浸过冲净，加糖拌一下；红辣椒切小段；生抽、糖、盐、味精、水淀粉放入碗内，调成味汁；嫩姜切片。

❸ 将鸭片下温油中滑散，捞出；锅内留少许油烧热，先下姜片炒香，再下鸭片同炒，倒入调好的味汁，放入菠萝片、红辣椒段炒匀即成。

菠萝炒木耳

材料 新鲜菠萝片100克，水发黑木耳150克，胡萝卜30克，姜片20克。

调料 盐半小匙、胡椒粉1小匙。

做法 ❶黑木耳、胡萝卜均洗净切片，放入沸水中略微汆烫，捞出备用。
❷锅置火上，倒入适量油，放入黑木耳片、胡萝卜片、新鲜菠萝片和所有的调料拌炒均匀即可。

菠萝炒鸡片

材料 鸡胸肉100克、菠萝、豆苗各50克，黄瓜、红椒各10克。

调料 油、白糖、番茄酱、绍酒、醋、盐、生粉、水淀粉、香油各适量。

做法 ❶鸡胸肉、菠萝、黄瓜、红椒分别切片，鸡肉片加生粉、绍酒腌渍。
❷锅内倒油烧热，放入青瓜片、红椒片、菠萝片炒香，调入白糖、番茄酱、醋、盐，炒至金红色。
❸加腌好的鸡片、豆苗翻炒，水淀粉勾芡，淋香油，出锅即可。

菠萝鸡胗

材料 鸡胗300克，新鲜菠萝块、青椒块、红椒块各适量。

调料 油、白糖、盐、水淀粉、醋、番茄汁、白酒、清水各适量。

做法 ❶鸡胗洗干净，斜切成十字花刀，放入开水中煮3分钟，盛起沥水。
❷油锅烧热，爆香蒜片加鸡胗块，青椒块、红椒块及菠萝块，加酒焖5分钟，加用水淀粉、白糖、醋、番茄汁调好的芡汁勾芡翻炒，即可出锅。

菠萝黄瓜

材料 菠萝350克，黄瓜100克，姜片少许，枸杞子适量。

调料 盐、味精、白糖、橙汁各适量。

做法 ❶菠萝削皮，洗净，切滚刀块；黄瓜洗净，切滚刀块。

❷净锅上火，加水烧开，把菠萝块汆烫至变色，捞起备用。

❸油锅烧热，爆香姜片，加入黄瓜块、菠萝块煸炒至熟，调入盐、白糖、味精、橙汁，小火炒熟，撒枸杞子即可。

苹果百合炒洋葱

材料 苹果100克，鲜百合50克，白色洋葱25克，枸杞子适量。

调料 盐、味精、鸡精、白糖、橙汁各适量。

做法 ❶苹果去皮、核，洋葱剥去表皮，二者分别洗净，切成同样大小的菱形片；百合掰开，用清水漂一下，控去水分备用。

❷油锅烧热，下入洋葱片煸炒出香味，放入苹果片、百合，调入盐、味精、鸡精、白糖、橙汁，翻炒1分钟，撒枸杞子即可。

苹果炒鸡柳

材料 鸡肉200克，青椒、苹果各1个，姜丝少许。

调料 盐、味精、番茄汁各适量。

做法 ❶苹果切成两半，去核去皮，与鸡肉、青椒分别切粗条。

❷鸡肉条加盐腌15分钟。

❸起油锅烧热，下姜丝爆香，放入青椒条、鸡肉条略炒，加入苹果条炒匀，下番茄汁、盐、味精调味即可。

苹果虾仁

材料 虾仁300克，苹果1个，姜少许，鸡蛋清1个。

调料 水淀粉适量，盐、料酒各少许。

做法 ❶虾仁放水中浸泡后，去泥肠，放些盐和料酒腌制一会儿，然后再加入鸡蛋清与水淀粉拌匀。

❷姜去皮，洗净，切末。

❸油锅烧热，放入姜末爆香，再放入虾仁炒至七分熟，捞起，备用。

❹将苹果洗净，切块，入锅中，用水淀粉勾芡，再入虾仁，炒到入味即可。

新鲜草莓虾仁

材料 草莓100克，新鲜虾仁300克，葱花、姜丝各少许。

调料 盐、水淀粉、草莓酱各适量。

做法 ❶虾仁洗净，用水淀粉、盐腌渍；草莓洗净，切两半。

❷油锅烧至七成热，下入虾仁，将其煎成球状，捞出沥油。

❸另起油锅烧热，加入葱花、姜丝炒出香味，把草莓、盐、虾球、草莓酱放入锅中，翻炒至熟，盛盘即可。

蜜橘炒小瓜

材料 无子蜜橘200克，云南小瓜80克，葱适量。

调料 盐、味精各少许，白糖1小匙，水淀粉适量。

做法 ❶蜜橘去皮剥成瓣；云南小瓜去子，洗净，切片；葱洗净切段。

❷烧锅加水，待水开时下入云南小瓜，煮至七成熟时出锅，备用。

❸烧锅下油，放入葱段煸香，下入小瓜片、橘瓣炒片刻，调入盐、白糖、味精，用中火炒至入味，用水淀粉勾芡，炒匀即成。

苹果炒牛肉

材料 牛腿肉300克，苹果2个，熟芝麻、葱段，香菜叶各适量。

调料 酱油1.5小匙，白糖、料酒各1小匙，盐半小匙，味精少许，鸡汤50克，水淀粉、小苏打各适量。

做法 ❶牛肉洗净，切成薄片，放入碗中，加一部分酱油、盐、白糖、味精和料酒拌匀，分3次加入适量清水，顺一个方向搅拌，直到水全部被牛肉吸收，最后加入水淀粉和适量小苏打粉搅匀，静置。

❷苹果去皮、核，切薄片，浸在水中；油锅烧至四成热，放入牛肉片，用筷子划散，捞出，沥油。

❸炒锅内留少许油，爆香葱段，放剩余的酱油、白糖、料酒、盐、味精以及鸡汤，烧开，水淀粉勾芡，倒入苹果片、牛肉片，翻炒均匀，装盘撒上熟芝麻、香菜叶即成。

火龙果炒虾仁

材料 鲜虾300克，火龙果半个，香芹段100克，鸡蛋清1个，葱花适量。

调料 淀粉、盐、味精各适量。

做法 ❶鲜虾洗净，再用盐腌一会，用干布吸干水分；火龙果切块，备用。

❷虾入蛋清中，加干淀粉、色拉油抓拌，静置5分钟后放入油锅滑熟。

❸另油锅烧热，放入香芹段、火龙果球翻炒两下，再放入虾和葱花，调入盐、味精调味，翻炒几下即可出锅。

橙汁肉片

材料 橙子1个，猪瘦肉适量，鸡蛋1个（取蛋清）。

调料 酱油、料酒各2大匙，白糖1小匙。

做法 ❶ 橙子榨汁，橙皮切丝备用。

❷ 猪瘦肉洗净，切成片，加蛋清、料酒和适量盐腌20分钟。

❸ 油锅烧热，放入肉片，双面各煎大约2分钟后盛出备用。

❹ 油锅中倒入橙汁和水淀粉勾芡，放入肉片、橙皮丝炒匀即可。

小西红柿炒鸡丁

材料 鸡胸肉250克，小西红柿200克，小黄瓜1根，蒜泥适量。

调料 盐、白糖、水淀粉、咖喱粉各适量。

做法 ❶ 鸡胸肉洗净，切丁，加适量盐、水淀粉、白糖搅拌均匀，腌渍10分钟，备用。

❷ 小西红柿洗净切丁；小黄瓜洗净，切块。

❸ 油锅烧热，入鸡丁翻炒片刻，加蒜泥炒香，再撒入咖喱粉，放入小西红柿丁、小黄瓜块、白糖、盐翻炒至熟，装盘即可。

水果带子肉

材料 猕猴桃250克，带子200克，葱白丝、枸杞子各适量。

调料 盐、鸡精、白糖各半小匙，料酒2小匙，水淀粉1小匙。

做法 ❶ 将猕猴桃洗净，切成圆片，均匀铺盘中。

❷ 带子去壳，将肉取下来洗净，加盐、鸡精、白糖、料酒腌渍5分钟，摆在猕猴桃上，放入蒸锅蒸8分钟，原汁浸出备用。

❸ 油锅烧热，加原汁调味，水淀粉勾芡，撒葱白丝和枸杞子即成。

冬笋鸡丝

材料 鸡脯肉200克，冬笋50克，香菇50克，蛋清少许。

调料 盐、味精、白糖、干淀粉、水淀粉，香油各适量，鸡汤1小碗。

做法 ❶鸡脯挤干水切细丝；蛋清加干淀粉，放入鸡丝拌匀，再加香油抓拌。

❷冬笋浸泡1小时切片；香菇切细丝；锅中油烧热，将鸡丝下锅用筷子划散。

❸在原锅余油中放入香菇丝稍煸，迅速加入鸡丝、笋片，入盐、白糖、味精和鸡汤，用水淀粉勾薄芡倒入锅中颠翻两下，即可摆盘。

腐乳爆肉

材料 猪里脊肉300克，红腐乳35克，鸡蛋1个（取蛋清）。

调料 白糖1大匙，水淀粉适量，料酒2大匙，肉清汤1小碗，盐1小匙。

做法 ❶腐乳用料酒、白糖、水淀粉、盐和肉清汤调匀；里脊肉切成长片，用蛋清和盐搅拌均匀。

❷锅内油烧热，下肉片滑散开，肉变色即倒入漏勺沥去油。

❸在原油锅里，倒入调好的腐乳汁，汤汁微沸浓稠时，即把肉片下锅，迅速翻炒几下，起锅即成。

两香山笋

材料 竹笋500克，香肠、冬菇各50克。

调料 盐、味精少许，白糖、水淀粉各1大匙，鸡汤适量。

做法 ❶竹笋、冬菇、香肠切片。

❷将笋片放入沙锅中，加入鸡汤，旺火烧开后转小火炖15分钟。

❸另取一炒锅，将炖好的笋片倒入锅中，上火烧开，加入香肠片、冬菇片、白糖、盐、味精翻炒几下，待汤汁收浓，用水淀粉勾芡，装盘即可。

炒蕨菜

材料 新鲜蕨菜300克，大蒜5瓣，姜末、胡萝卜各适量。

调料 盐、味精各少许。

做法 ❶将新鲜的蕨菜去掉硬梗和腐叶，洗净沥干切成段；大蒜洗净，切末。

❷胡萝卜去皮后切丝，入沸水中汆烫片刻。

❸锅中加2大匙油，烧至七成热，放入蒜末、姜末爆香，随后放入蕨菜和胡萝卜丝炒至熟，加盐、味精调味即可。

双爆串飞

材料 鸡脯肉、鸭脯肉各200克，豌豆、香菜各适量，鸡蛋1个（取蛋清），葱1段，姜2片。

调料 盐、鸡精、花椒粉各少许。

做法 ❶鸡脯肉和鸭脯肉剞十字花刀，加花椒粉、鸡精和盐腌渍。

❷将腌过的肉脯入沸水汆烫至变色，用蛋清抓匀；豌豆汆烫去豆腥味。

❸起油锅，下豌豆和葱段、姜片、肉脯炒至熟，盛盘时加香菜摆盘即可。

酸菜牛肉

材料 腌牛肉250克，酸菜200克。

调料 醋15克，白糖、葱汁各10克，蒜蓉、姜末适量，花椒油、水淀粉、香油各1小匙，黄酒1大匙。

做法 ❶ 取一小碗，用水、白糖和醋与水淀粉调为芡汁备用；腌牛肉切片；酸菜切大片备用。

❷ 炒锅入油烧七分热，放腌牛肉片，滑炒至熟，放入漏勺里沥除多余的油。

❸ 锅中留油，将酸菜片入锅中加花椒油煸炒，再加葱汁、姜末、蒜蓉爆香，放入牛肉片，淋入黄酒炒匀，随即把调好的芡汁倒入，翻炒入味，淋入香油即可。

熘鸽松

材料 鸽肉300克，冬笋75克，冬菇2片，去皮荸荠100克，蛋清、葱末各适量。

调料 黄酒1大匙，盐、淀粉、清汤各少许。

做法 ❶ 将鸽肉切成小丁，放入用盐、黄酒调和的卤汁内拌一拌，再加入蛋清、淀粉抓匀。

❷ 油锅烧热，将鸽肉丁放入锅内滑炒后倒入漏勺，滤去油。

❸ 将冬笋、去皮荸荠、冬菇切成小丁，与葱末一起下原油锅略炒，随即将清汤加盐和淀粉调和后下锅勾芡，再将鸽肉丁放入，迅速炒匀即可。

鸡蛋炒虾

材料 基围虾200克，鸡蛋5个，蛋清适量，葱2根。

调料 淀粉1小匙，盐半小匙，水淀粉2小匙。

做法 ❶虾去除肠泥，洗干净后擦干，拌入蛋清、淀粉、盐腌10分钟，过油捞出。

❷鸡蛋打散，葱洗净切碎后放入蛋液中，加入盐、水淀粉调匀。

❸将5大匙油烧热，倒入虾和蛋液，炒至蛋液凝固时即可盛出。

炝糟鸡脯

材料 鸡脯肉250克，鲜蘑菇片适量，蛋清、蛋黄各适量，黄瓜片少许。

调料 红糟、黄酒、盐、白糖、清汤、淀粉各适量。

做法 ❶将鸡脯肉切成薄片，用盐和蛋清抓匀，再加上淀粉挂糊。

❷开小火热油锅，将鸡片放入炒一下，捞出沥油。

❸将红糟入原油锅中略煸，加白糖、黄酒、清汤、淀粉、鸡片、蘑菇片、蛋黄、黄瓜片翻炒，最后入鸡片炒熟。

素炒鸡丁

材料 净鸡肉250克，鸡蛋1只（取蛋清），青椒50克。

调料 干淀粉、盐、黄酒、味精适量，鸡汤2大匙，水淀粉1大匙。

做法 ❶鸡肉用刀背稍加捶拍后切丁放入盘内，加入适量黄酒、味精、盐、蛋清、干淀粉抓拌上浆待用；青椒洗净，切成丁。

❷油锅烧热，入鸡丁搅散，捞出备用。

❸油锅烧热，入青椒丁煸炒，入鸡丁、盐、味精、鸡汤炒熟，用水淀粉勾芡即可。

番茄酱鱼条

材料 鱼肉200克，菜心4根，蛋清100克，葱段适量。

调料 盐、味精各少许，水淀粉、料酒、番茄酱各适量，清汤适量。

做法 ❶鱼肉切条，用盐、料酒腌一下，加蛋清捏上劲，再用水淀粉拌匀。

❷炒锅放油烧热，把鱼条撒入锅内划散，至鱼条呈白玉色时倒出沥油；菜心洗净备用。

❸油锅烧热，爆香葱段，菜心滑熟盛出摆盘边。

❹炒锅加少许油将番茄酱入锅略炒，加盐、味精、料酒和清汤，用水淀粉勾芡，再倒入鱼条翻炒出锅即成。

田螺酿肉

材料 田螺200克，猪里脊肉75克，葱段15克，姜2片，蒜片10克，香菜少许。

调料 A.盐适量，料酒、鸡精各1大匙，姜汁1小匙；B.味精适量，料酒10克，蚝油、白糖各1大匙，盐、香油各1小匙。

做法 ❶田螺洗净，汆烫挑出肉，备用。

❷将里脊肉和田螺肉剁成末，放入调料A调成馅。

❸将肉馅塞入田螺壳内，逐个放入盘中，加入葱段、姜片、料酒、水蒸3分钟。

❹将调料B兑汁待用；油锅烧热放入酿好的田螺大火炒几下，烹入兑好的调料汁大火炒匀，盛入碟内，撒香菜即可。

什锦蔬菜

材料 豆腐皮、金针菇各50克，黄瓜200克，胡萝卜100克，香菇、水发黑木耳各适量。

调料 水淀粉、鸡汤、盐、味精、香油、胡椒粉各少许，姜汁各1小匙。

做法 ❶黄瓜、胡萝卜、黑木耳洗净，均切丝。❷豆腐皮切丝；蔬菜丝放同一盛器，加盐和鸡汤用筷子拌匀。❸锅中放少许油烧热，投入全部材料，加调料（除水淀粉）翻炒。最后用水淀粉勾芡，淋香油即可。

笋干黄豆

材料 干笋150克，黄豆适量，葱段、姜片、蒜片各适量。

调料 酱油2大匙，白糖1大匙，盐、味精、五香粉各少许，高汤适量。

做法 ❶黄豆洗净后，泡胀，捞出沥干水分备用。❷干笋用清水浸泡至软后，切小丁用少许盐和酱油略腌。❸炒锅烧热油，炒香葱段、姜片、蒜片，放黄豆、笋丁及调料略炒片刻，加入高汤，烧至汁收入味即成。

金钩香芹

材料 香芹500克，虾仁50克。

调料 胡椒粉1小匙，盐、味精各1小匙，高汤和水淀粉适量。

做法 ❶香芹择去叶子，洗净切小段，入沸水中汆烫一下装盘待用。❷虾仁用微温的水漂去脏物，沥干水分，用厨房纸巾吸干水分。❸炒锅加少许油烧至五成热，将调料混合，倒入锅中烧开，加虾仁烧出香味后，入香芹段翻炒入味即可。

好丝百叶

材料 牛百叶750克，芹菜段50克，干辣椒末、葱段各适量。

调料 味精、盐各少许，牛清汤50克，醋、淀粉适量，芝麻油少许。

做法 ❶将生牛百叶漂洗干净，煮烂捞出。

❷牛百叶平铺在案板上，剔去外壁，切成约5厘米长的细丝盛入碗中，加醋、盐腌渍，用冷水漂洗干净。

❸取小碗，加牛清汤、味精、芝麻油、醋、葱段和淀粉兑成芡。

❹油锅烧热，干辣椒末炒香，下牛百叶丝、盐，倒入调好的汁，快炒几下即成。

香菜牛腩

材料 嫩牛肉125克，香菜段75克，蛋清、葱段各适量。

调料 酱油、味精、盐、香油各少许，高汤、水淀粉、料酒、剁辣椒各适量。

做法 ❶牛肉切片，加上蛋清、水淀粉调均匀，油锅烧至四成热，加入牛肉片炸熟，倒入漏勺内，控净油。

❷炒锅上火，倒油烧热，先加葱段，炒出香味，再加香菜段、酱油、料酒、盐、味精、高汤一起炒，最后加入牛肉片，颠翻几下，淋上香油、撒剁辣椒调味即成。

青红椒炒腊肉

材料 腊肉250克，红尖椒、青尖椒各50克，干辣椒2个。

调料 料酒、酱油、豆豉各少许，鸡汤适量，味精1小匙。

做法 ❶将整条腊肉洗干净沥干后切成片；青尖椒、红尖椒切成片。
❷将腊肉汆烫煮软，捞出切片，另起锅放底油，爆香豆豉、干辣椒、青尖椒片、红尖椒片，放腊肉片、料酒、酱油、味精、鸡汤烧开，用小火焖10分钟，收干汁盛盘即可。

紫龙脱袍

材料 鳝鱼500克，冬笋丝、红椒丝、香菇丝、鸡蛋液、葱丝、姜丝、香菜各少许。

调料 盐、味精少许，水淀粉、料酒、胡椒粉、香油各适量。

做法 ❶鳝鱼洗净切丝，用鸡蛋液、水淀粉上浆。
❷起锅放油烧热，下入鳝鱼丝滑散捞出；冬笋丝、红椒丝、香菇丝过油备用。
❸锅留底油，爆香葱丝、姜丝，放入其他材料、盐、味精及料酒炒匀，撒胡椒粉，淋香油，放香菜即可。

家常鱿鱼丝

材料 水发鱿鱼300克，韭菜100克。

调料 料酒、盐各适量，味精、胡椒粉各少许。

做法 ❶鱿鱼泡在清水片刻，剪开头腹的连接处，拉出头足，取出软骨及墨囊等，冲洗净后切成丝，备用。
❷韭菜洗净切段。
❸鱿鱼丝用温开水汆烫去碱味。
❹起锅放油烧热，投入鱿鱼丝、韭菜段及所有调料，煸炒入味即可装盘。

鱿鱼炒肉丝

材料 鱿鱼、猪肉丝各100克，青、红椒丝各30克。

调料 葱汁15克，姜汁、盐、味精、酱油、料酒、水淀粉、香油各适量。

做法 ❶鱿鱼洗净后切丝，用沸水汆烫去黏液；猪肉丝加少许水淀粉抓匀。

❷炒锅放2大匙油烧热，下猪肉丝滑散，加少许葱、姜汁调味后捞出沥油。

❸锅中留油，下鱿鱼丝、猪肉丝、其他调料及青椒丝、红椒丝一同下锅翻炒，香味浓厚时加水淀粉勾芡，淋香油即成。

芹菜炒香干

材料 新鲜的芹菜300克，香干3块，葱花适量，剁椒少许。

调料 盐、鸡精适量。

做法 ❶把芹菜、香干切丝，将芹菜丝入沸水汆烫一下，沥干水分待用。

❷起油锅，放油2大匙，爆香葱花，先炒香干丝，加入鸡精、少许水翻炒。

❸再加入芹菜丝同炒至熟，再加入少许盐、剁椒调味后出锅。

豉香莴笋

材料 莴笋200克，豆豉25克，葱花、蒜泥、姜末各少许。

调料 葱汁、姜汁、豆瓣酱各15克，料酒、白糖、味精各1小匙，盐、胡椒粉、鲜汤、香油各适量。

做法 ❶莴笋切片，用少许盐、葱姜汁、料酒、味精拌匀腌渍入味。

❷油锅烧热，爆香豆豉、豆瓣酱、葱花、蒜泥、姜末，加鲜汤烧沸，入盐、胡椒粉、白糖、味精勾成汁。

❸烧热油，下莴笋片与豉香汁翻炒，淋香油即可。

冬笋牛柳

材料 牛肉200克，冬笋100克，熟油菜50克，大蒜适量，姜少许。

调料 豆豉油、盐、味精、蚝油、鱼露各2小匙，老抽1小匙，水淀粉适量，白糖半小匙。

做法 ❶ 牛肉切片，用豆豉油、水淀粉腌半小时；冬笋切片；大蒜、姜剁碎末。

❷ 锅中入油烧热，下牛肉片、蒜末、姜末煸炒，牛肉片转色后放冬笋片，加盐和味精快炒熟后盛出备用。

❸ 将鱼露、蚝油同老抽下锅炒匀，放白糖后加少许水淀粉勾成芡汁浇在牛肉片上，用熟油菜摆盘即可。

腊肉炒茭白

材料 嫩茭白500克，腊肉300克。

调料 白糖2小匙，盐半小匙，料酒1大匙。

做法 ❶ 将茭白削去外皮，切去老根，切成片备用；腊肉用沸水氽烫一下，捞出沥干水分，切片备用。

❷ 烧热锅，加少许油，放入腊肉片，洒入料酒爆至香熟，再加入1碗水，煮至出色出味盛出。

❸ 另起锅放油烧至五成热，放入茭白片炒一下，加入炒好的腊肉片，调入白糖和盐翻炒至熟即可。

炒木樨肉

材料 猪肉、鸡蛋各150克，水发黑木耳片、水发黄花菜、葱姜末各50克，黄瓜片100克。

调料 酱油30克，甜面酱15克，盐3克。

做法 ❶将猪肉切成片；黑木耳、黄瓜片、菠菜洗净，汆烫捞出；鸡蛋打入碗中搅散。

❷锅中入油烧热，放入葱姜末炒出香味，再把鸡蛋倒入锅内炒熟取出。

❸油锅烧热，倒入肉丝炒至六成熟时拨至锅边，放入甜面酱、盐炒熟后与肉片再一起翻炒，然后加酱油炒匀，并加入炒好的鸡蛋，再放入黄花菜、黄瓜片、黑木耳片，颠翻几下即成。

焦熘肥肠

材料 肥肠段200克，鲜豌豆、净冬笋片各50克，水发黑木耳30克，姜末1大匙。

调料 香油200克，酱油5大匙，干淀粉、水淀粉各2大匙，白糖、味精各少许，口蘑鲜汤1碗。

做法 ❶肥肠段加入酱油腌渍10分钟，蘸上干淀粉；冬笋片与豌豆汆烫至熟。

❷将肥肠段炸成金黄色备用。

❸白糖、味精、酱油、水淀粉、口蘑鲜汤调汁。

❹油锅烧热，爆香姜末，下冬笋片、豌豆、黑木耳煸炒，烹汁，再下肥肠，滴上香油即成。

爆炒肚片

材料 熟猪白肚300克，青椒片、红椒片、葱末、姜末各少许。

调料 酱油、料酒、味精、盐、水淀粉、香油、花椒油各少许。

做法 ❶将熟猪白肚切片，汆烫，捞出。

❷炒锅内放入香油，烧至五成热时，放入葱姜末爆香，随即放入肚片，加酱油、盐、料酒调味，下青椒片、红椒片，大火快速翻炒，用水淀粉勾上薄芡，放味精，淋花椒油，翻炒味匀后盛盘即可。

油爆鱼片

材料 鱼肉500克，芹菜块50克，蛋清、水发黑木耳片、青椒段、红椒段各30克，葱、姜、大蒜各适量。

调料 盐、料酒、水淀粉各适量，猪油1小匙。

做法 ❶鱼肉用直刀每隔0.5厘米横竖切花纹再切片，加蛋清、盐和猪油腌渍。

❷葱、姜、大蒜捣成味汁备用。

❸油锅烧热，炒香芹菜块、黑木耳片，倒入味汁、料酒、鱼片，青椒段、红椒段提香，入味后用水淀粉勾芡即可。

糖炒虾瓣

材料 虾500克，葱丝20克，姜丝5克，蒜片10克。

调料 料酒、白糖各50克，米醋25克，香油、盐、干淀粉各3克，鸡汤150克。

做法 ❶虾用盐、料酒腌渍，并撒上干淀粉。

❷将虾炸至金黄色捞出。

❸油锅烧热，加入葱丝、姜丝、蒜片煸香，烹入料酒，加入白糖、米醋、鸡汤和盐，把炸好的虾也放入，待把汤烧干入味，淋入香油即成。

炒肉丝拉皮

材料 猪瘦肉500克，香菜段10克，鸡蛋皮1张，水发黑木耳30克，洋葱15克，黄瓜20克，蒜泥15克。

调料 芝麻油20克，芝麻酱25克，醋15克，盐、酱油各10克，水淀粉5大匙。

做法 ❶ 将猪瘦肉洗净切丝，洋葱洗净切成丝，黄瓜、鸡蛋皮、黑木耳均切成丝。

❷ 油锅烧热，放入肉丝炒至半熟，加酱油、洋葱丝翻炒，加盐、香菜段炒熟，淋上芝麻油翻匀，分盛两小盘内。

❸ 水淀粉调成稀糊，加盐溶化，入沸水锅拉成2张粉皮，用清水浸泡、捞出后切成1厘米宽、5厘米长的条，放入盘中摆正，将黄瓜丝、黑木耳丝、蛋皮丝顺序放在粉皮上。

❹ 芝麻酱加入盐，凉开水调成糊状，用酱油、醋、蒜泥、芝麻油兑成汁，浇在粉皮上，同炒肉丝一起上桌即可。

芫爆肚丝

材料 猪肚丝500克，香菜段50克，葱丝、姜丝、蒜末各10克，青椒丝、红椒丝少许。

调料 A.料酒15克，盐、味精、醋各适量；B.香油1小匙，胡椒粉、碱适量。

做法 ❶ 锅中加葱丝、料酒、姜丝，将猪肚丝汆烫捞出晾凉后切丝。调料A兑成味汁。

❷ 锅中下油烧至九成热，倒肚丝爆一下，捞出。

❸ 油锅烧热，放葱丝、姜丝、蒜末爆香炝锅，加入味汁和肚丝、青椒丝、红椒丝翻炒，撒胡椒粉和香菜，淋少许香油即可。

酸辣臊子蹄筋

材料 煮好的猪蹄筋300克，猪肉20克，葱、姜、青椒、红椒各适量。

调料 酱油、料酒、盐、胡椒粉、醋、香油、水淀粉各少许，鲜汤1碗。

做法 ❶猪蹄筋切成长约3厘米的节，用鲜汤煨熟，猪肉剁成细粒；葱切花；姜切细末；青椒、红椒切条备用。

❷炒锅置火上，下油烧热，下猪肉末稍稍煸炒至酥，加酱油、姜末、料酒稍炒片刻，放入盐、胡椒粉、鲜汤，下蹄筋炒入味后，下青椒条、红椒条，再用水淀粉勾芡，最后下醋、葱花、香油推匀，装盘即成。

鱼香碎滑肉

材料 猪肉350克，水发黑木耳、水发笋各50克，姜、蒜各10克，泡椒、葱各15克，香菜适量。

调料 A.盐少许，酱油20克，料酒20克，水淀粉2大匙；B.盐、酱油、料酒、味精、白糖、醋、淀粉水、汤各适量。

做法 ❶猪肉切块，加调料A拌匀腌渍；黑木耳、笋洗净切小片，并入沸水中汆烫透沥干；泡辣椒去籽剁细；姜、蒜切末；葱切花。

❷用调料B调成芡汁。

❸油锅烧热，放入肉块炒散，下泡辣椒、姜末、蒜末稍炒几下，再下黑木耳、笋片、葱花炒匀，烹入芡汁，推匀，撒香菜，装盘即成。

盐煎肉炒蒜苗

材料 猪肉500克，蒜苗200克，红辣椒1个。

调料 盐、豆豉、白糖、酱油、料酒各适量。

做法 ❶猪肉洗净去皮，切薄片；蒜苗洗净，切段；红辣椒洗净，切片。❷炒锅入油烧热，放入猪肉片、料酒煸炒，加豆豉炒至猪肉片出油，放入白糖、酱油炒香，再放入红辣椒片、蒜苗段、盐翻炒几下即可。

蒜苗回锅肉

材料 猪五花肉350克，青蒜100克。

调料 盐、白糖、酱油各少许，郫县豆瓣酱、甜面酱各适量。

做法 ❶将五花肉洗净，放入锅中，加水煮至七分熟，捞出晾凉，切片；青蒜剥皮，洗干净，切斜刀段，备用。❷油锅烧热，下五花肉片煸炒，加郫县豆瓣酱、甜面酱炒至飘香，调入白糖、盐、酱油调味、青蒜段，炒至青蒜段断生，装盘即可。

缠丝肚

材料 青椒丝、红椒丝各30克，熟猪肚150克，熟猪肉皮100克。

调料 葱汁、姜汁、香油、酱油、盐、花椒粉、鸡精各少许。

做法 ❶将熟猪肚、熟猪肉皮切成细丝，加少许盐和鸡精抓匀腌入味。❷炒锅内放油，大火烧至八成热，先入青椒丝、红椒丝下锅爆炒一下，再放入肚丝、肉皮丝翻炒，放入盐、酱油、葱汁、姜汁再炒，放少许鸡精、花椒粉，淋少许香油即成。

干烧鸭肠

材料 鸭肠350克，猪五花肉丁30克，青椒丁、葱花各适量。

调料 盐、味精、料酒、辣椒油、白糖、豆豉、花椒油各适量。

做法 ❶将鸭肠洗净，切段，入沸水中氽烫，捞出沥干。

❷油锅烧热，下入辣椒油、料酒、豆豉、葱花爆香，下入五花肉丁、鸭肠段、青椒丁炒熟，加盐、味精、白糖调味，淋入花椒油即可。

芹菜炒牛肚

材料 牛肚300克，芹菜30克，葱末、姜末、蒜末各10克。

调料 盐、味精各1小匙，胡椒粉、豆瓣酱、花椒油各适量。

做法 ❶牛肚洗净，氽烫后捞出，晾凉切条；芹菜择洗干净，切段。

❷净锅置火上，倒油烧热，下葱末、姜末、蒜末、豆瓣酱煸香，再放入芹菜段、牛肚条炒熟，加盐、味精、胡椒粉调味，淋入花椒油即可。

仔姜炒羊肉

材料 鲜羊肉150克，仔姜100克，青、红椒各1个，葱（取葱白）1段。

调料 黄酒、盐各适量，醋、鸡精各1小匙。

做法 ❶羊肉、仔姜、青红椒(去蒂)、葱白均切成细丝。

❷羊肉用黄酒、盐腌渍。

❸锅中下油烧至八成热，下姜丝煸香；把羊肉丝、辣椒丝、葱丝一齐倒入，煸炒，放少许黄酒、盐、鸡精，起锅前滴少许醋即可。

重庆辣子鸡

材料 小公鸡1只，姜丝50克，葱、干辣椒各25克。

调料 花椒20克，盐、味精各3克，料酒15克，红油5克。

做法 ❶鸡洗净、沥干水，连骨斩成丁，用料酒和盐腌渍；葱切小段。

❷锅中下油5大匙，烧至八成热时下鸡丁炸散，捞出后沥干油分。

❸锅中留油1小匙，下干辣椒炸至颜色棕红，下花椒、姜丝、鸡丁翻炒，烹入料酒、盐、葱段略炒，加味精，淋红油即可。

菌菇炒鸭肠

材料 鸭肠400克，香菇、金针菇、茶树菇各50克，干辣椒、蒜末、姜末、葱花各适量。

调料 猪油、盐、味精、白糖、水淀粉各适量。

做法 ❶将鸭肠洗净，切段，入沸水氽烫，捞出，多种菌菇均洗净；净锅倒猪油烧热，下入菌菇稍炸，捞起沥油。

❷锅内留底油，下干辣椒、葱花、姜末、蒜末爆香，放入菌菇、鸭肠段炒匀，用水淀粉勾芡即可。

酸辣虾

材料 新鲜虾200克，红辣椒、青椒各20克，蒜片10克。

调料 柠檬汁2大匙，白醋、鱼露各1大匙，白糖1小匙。

做法 ❶红辣椒、青椒及蒜片分别剁碎；虾洗净沥干水分。

❷锅加入油烧热，将虾加入锅中，两面略煎。

❸另起油锅烧热，将红辣椒末、青椒末、蒜片略炒，再加入煎好的虾及所有调料，用中火烧至汤汁收干即可。

五柳鱼丝

材料 活鲤鱼750克，熟火腿、去皮丝瓜各15克，泡红辣椒、冬笋、黄花菜各10克，蛋清适量。

调料 A.水淀粉30克；B.盐10克，料酒30克；C.葱丝5克，鸡油10克。

做法 ❶将鲤鱼去鳞、鳃，剖腹去内脏洗净，剔去骨刺后将净肉切成粗丝，加盐、料酒腌渍入味。

❷熟火腿、熟冬笋、黄花菜、丝瓜、泡红辣椒均切成细丝。

❸炒锅置火上，下油烧热（约80℃），将腌渍入味的鱼丝用蛋清、水淀粉糊上浆后入锅滑散，沥去油。将鱼丝拨一边，下做法❷中的材料略炒，烹汁与鱼丝翻炒，撒葱丝，淋上少许鸡油，装盘即成。

软熘鱼片

材料 鲤鱼300克，辣椒末30克，粉丝50克，蒜末、葱花、姜片各适量。

调料 A.料酒1大匙，盐1小匙；B.料酒、酱油、白糖、醋各1大匙，胡椒粉少许，水淀粉半大匙。

做法 ❶锅中水烧沸，放入葱花、姜片和调料A，将鲤鱼斜切厚片后入沸水中氽烫5分钟。

❷粉丝泡软，切两段，用沸水氽烫熟，捞出放入盘内；将氽烫熟的鱼片捞出，铺在粉丝上。

❸油锅烧热，放入蒜末与切好的辣椒末炒香，再加入调料B炒匀，盛出，淋在鱼片上即可。

杭椒腰花

材料 猪腰500克，青杭椒、红杭椒各1个，姜适量。

调料 盐2克，味精、鸡精各1克，红油5克，料酒10克，干淀粉、水淀粉各适量。

做法 ❶猪腰去腰臊、筋膜，切麦穗花刀，切条，加入盐、味精、干淀粉腌渍入味。

❷青杭椒、红杭椒均洗净，切成圈；姜洗净后切末，备用。

❸锅中放入油烧热，下入猪腰花滑油捞出，备用。

❹锅中留少许油，放入青杭椒圈、红杭椒圈、姜末炒香，再下入猪腰花，倒入料酒翻炒数下，加盐、鸡精调味，用水淀粉勾芡，淋入红油炒均匀，装盘即成。

麻辣小龙虾

材料 小龙虾1000克，蒜瓣、葱段、姜片、干辣椒各适量。

调料 花椒50克，白酒、白醋各1小碗，白糖1大匙，鸡精1小匙，酱油、香油各2大匙，盐适量。

做法 ❶小龙虾清理干净备用。

❷起油锅，油烧至五成热下花椒、干辣椒、葱段、蒜瓣、姜片爆香，再将小龙虾、盐、酱油、白糖入锅炒片刻，加少许水炒至汤汁见稠，小龙虾烧熟，捞出备用。起锅加香油烧热，小龙虾入锅中稍滑即可。

葱油里脊

材料 猪里脊肉500克，葱段、姜片各适量。

调料 酱油、白糖、料酒各1大匙，盐、味精、胡椒粉各适量。

做法 ❶将里脊肉洗净，切成大片，用刀背砸剁使之更为软嫩。

❷将炒锅置大火上，加油烧热，下葱段、姜片、料酒爆香，加酱油和白糖炒上色后加里脊肉片爆烧，再将其余调料放入。

❸另起一锅，加油爆香葱段，将里脊肉片放入葱油锅中翻炒即可。

鲜杞炒肉片

材料 猪里脊肉200克，鲜枸杞子100粒，蛋清、芹菜粒适量。

调料 盐、味精各1小匙，料酒、水淀粉适量。

做法 ❶里脊肉切片，用盐、水淀粉和料酒拌匀，加蛋清搅匀。

❷枸杞子洗净后在沸水中氽烫，捞出过凉待用。炒锅置火上烧热油，至四成热时，将肉片入锅，划散起色时捞出沥油。

❸锅内留底油，倒入枸杞子稍煸后，加芹菜粒、盐、味精、水淀粉调稀勾薄芡，倒入里脊肉片，略炒后出锅装盘。

香菇肉片

材料 猪里脊肉300克，香菇100克，胡萝卜片、葱段、蛋清各适量。

调料 盐少许，料酒、香油、水淀粉各适量。

做法 ❶香菇切成块；猪里脊肉切薄片，用盐、蛋清腌渍后淀粉上浆。

❷油锅烧热，放入里脊肉片划散后捞出待用。

❸原锅留底油，投入葱段煸出糊香味后捞出，放香菇、胡萝卜片、水、盐和里脊肉片，加入料酒后再加水淀粉勾芡，淋明油翻炒装盘即成。

三鲜蔬菜

材料 芥菜200克，竹荪、鱿鱼、鲜河虾各50克。

调料 盐、味精各少许，鸡汤70克。

做法 ❶将河虾剪须洗净；鱿鱼洗净后切丁；竹荪泡发后切成小块备用。

❷用沸水分别氽熟做法❶中的材料，沥干水分，净水漂过备用。

❸炒锅加油烧热，将芥菜入油锅翻炒，加盐、味精调味，将虾、鱿鱼丁、竹荪块入锅一起炒熟，最后加鸡汤烧入味即可。

焦熘土豆片

材料 熟胡萝卜片、熟土豆片各100克，豆腐、青椒片、红椒片各少许。

调料 酱油、白糖、醋、花椒水、淀粉各少许。

做法 ❶把豆腐洗净后切成小长方块或三角块，用油炸成金黄色捞出备用。

❷将酱油、醋、白糖、花椒水、淀粉放入小碗里，添少许水调成芡汁备用。

❸烧热炒锅内少许油，把胡萝卜片、土豆片、青椒片、红椒片放入爆炒几下，再把豆腐块放入锅里，勾芡，翻炒即可。

芹菜牛肉丝

材料 牛里脊肉150克，芹菜100克，蛋清、胡萝卜片、葱段、红椒丝各适量。

调料 料酒、酱油各2大匙，味精、盐少许，香油1小匙，水淀粉适量。

做法 ❶牛里脊肉去净牛筋，按肌纹的横斜面切丝，放入碗中，加料酒、盐、蛋清搅匀，加入水淀粉搅上劲，加香油1小匙，拌匀备用。

❷芹菜去掉根叶，切段，用沸水氽烫至六成熟，过凉待用。

❸炒锅置火上烧热，入油，至六成热时，下葱段爆香，投入牛肉丝，划散至玉白色时捞出沥油；锅内留底油，投入牛肉丝、芹菜、胡萝卜片、红椒丝略炒，烹入料酒，加酱油、味精煸炒均匀，淋香油即可。

鸡粒黄花菜

材料 水发黄花菜200克，鸡肉粒、熟火腿末各1大匙，毛豆3大匙，辣椒粒少许。

调料 盐、味精、料酒各1小匙，鸡汤250克，水淀粉适量。

做法 ❶鸡肉粒、黄花菜都氽烫至熟；毛豆氽烫去豆腥味。

❷油锅烧热，炒香黄花菜、毛豆，烹料酒，加鸡汤，沸后，加盐、味精，用水淀粉勾芡。

❸倒入鸡肉粒，加辣椒粒，再颠翻炒匀，淋上香油，撒上火腿末即成。

附录1 家常食材的选购窍门

蔬菜类

食材	选购窍门
 白菜	选购时可从顶部用手压试，感觉结球紧实，外叶水分充足，易折断为佳。若发现白菜夹有腐烂叶、虫斑，则不要购买。
 韭菜	以叶片鲜嫩、翠绿、笔直，无枯萎、无腐烂者为佳。选购时可轻折韭菜头，用手一折即断，表示质量优良且新鲜。喜欢吃韭菜的人，以窄叶韭为首选，要慎买叶片宽大异常的韭菜，因为种植时可能使用了生长激素。
 菜花	以花球色泽洁白或深绿，且周围裹有挺拔的绿叶者为佳。花球若显稀松、出现开花变黄，或茎部切口有裂痕、中空等现象，则品质不佳，不宜购买。
 菠菜	宜选择叶柄长、粗且叶片大的菠菜。
 西红柿	以果实饱满圆润、硬实而且有弹性，表皮没有伤疤的西红柿为佳。
 香菜	宜选择颜色碧绿、具有浓郁香味、菜叶没有腐烂的。发黄的香菜中有毒素，不宜选购。
 生菜	宜选择切口为白色、水嫩的新鲜生菜。

	黑木耳	黑木耳朵大适中、朵面乌黑但无光泽、朵背略呈灰白色者为上品，可以多选购一些。
	茼蒿	挑选茼蒿时，应以叶片无斑点、色泽翠绿、根部肥满、根茎挺直者为宜。
	土豆	以形状饱满、芽眼小而浅、表面光滑、无裂缝、无空心和冻害者为佳。购买时要小心黑心土豆。如果表皮发黑或发绿，有新芽，放在手中分量较轻的土豆不宜购买。
	四季豆	以豆荚饱满结实、颜色一致、外观平滑无凹凸不平的颗粒者为佳。豆荚长度不宜过长，过长的四季豆有时较老，不脆嫩，长度约10～12厘米为宜。荚身宜直，愈直表示质量愈好，豆荚蒂头呈青绿色者较新鲜。
	莲藕	以藕节短且粗、外形饱满、内外无伤者为佳。藕身肥大、肉质脆嫩、水分多且带有清香味的莲藕一般都为上品，若莲藕外皮发黑，有异味，则不宜购买。市场上出售的莲藕一般已经清洗过，应挑选黄褐色外皮，肉肥厚而白者，须当心过于白嫩者，可闻闻是否有漂白剂味。
	黄瓜	瓜条肚大、尖头细脖者多为发育不良或存放时间过长的老黄瓜，不宜选购。
	丝瓜	质地较硬、表皮鲜嫩翠绿、没有刮伤或变黑，即为优质丝瓜。手捏起来比较软或表皮有黑色条纹的丝瓜不宜选购。
	苦瓜	苦瓜以表面颗粒大者为佳，颗粒越大、越饱满，表示瓜肉越厚，反之则越薄。苦瓜表面若出现黄化，说明苦瓜已经过熟，果肉缺乏脆性，不宜购买。

名称	选购要点
南瓜	相同体积的南瓜，宜选择重量较重，且外形完整、表面无黑点者。
冬瓜	宜选择皮薄细嫩、外形完整、表皮有一层粉末的冬瓜。
胡萝卜	宜选形状坚实、呈现浓橙色、表面光滑的胡萝卜。
白萝卜	以叶片新鲜不枯萎、外表洁净光滑，无裂痕、无须根，用手指轻弹有清脆声的白萝卜为佳。
冬笋	冬笋呈红枣核形、皮黄，肉呈淡白色、新鲜水嫩，无外伤者为佳品，宜选购。笋的外壳有一条条疤，即为虫蛀过的笋，不宜选购。
芦笋	以笔直、绿色或白色、邻近苞叶和顶端处略呈紫色、易折断、水分足者为佳。笋条横截面应呈圆形，而不是扁圆形，否则表示老化，直径为1.3厘米、长度在12～15厘米较好。白芦笋颜色米白较自然，过于洁白可能含有漂白剂，最好不要选购。
平菇	以片大、顶平、菌伞较厚、边缘完整、破裂口较少、菌柄较短并呈浅褐色者为佳。
香菇	长得特别大的鲜香菇不宜买，因为它们多是用激素催肥的，大量食用会对机体造成不良影响。
金针菇	以颜色洁白、均匀整齐、菌柄挺直、根部没有呈现出褐色者为佳。

肉禽蛋类

猪肉

注水猪肉颜色较浅，手感湿滑，指压断层面有出水感，不宜购买。

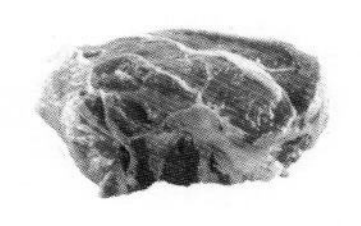

牛肉

◎一看：新鲜优质的牛肉有光泽、红色均匀、脂肪呈洁白或淡黄色。质量不佳的牛肉色泽稍暗、切开截面没有光泽。

◎二摸：新鲜优质牛肉有弹性；外表微干或有风干的膜，不粘手。而质量不佳的弹性差。

◎三闻：新鲜优质的牛肉闻起来具有牛肉的正常气味；而质量不佳的牛肉稍有氨味或酸味。

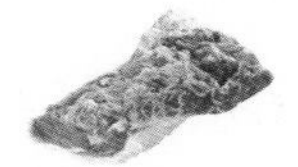

羊肉

羊肉以肉色鲜红、不混浊、有光泽者为佳。

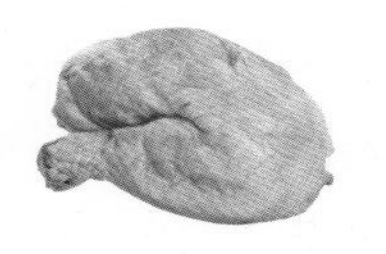

鸡肉

新鲜的鸡肉肉质紧密排列、颜色呈粉红色而有光泽，皮呈米白色、有光泽、有张力，毛囊突出，没有不良气味、没有骨折、没有异物。死鸡肉肉色发红、皮层呈暗红色、鸡骨充血较严重、鸡皮破烂，不宜购买。

鸡蛋

◎新鲜的鸡蛋蛋壳完整，无光泽，表面有一层白色粉末，手摸蛋壳有粗糙感，用拇指、食指和中指捏住鸡蛋摇晃，没有声音；手摇时发出晃荡声音的是坏鸡蛋。

◎对光观察，好鸡蛋蛋清清晰，呈半透明状态，一头有小空室；而坏鸡蛋呈灰暗色，空室较大。

◎打开后，新鲜鸡蛋的蛋黄饱满且具有光泽，蛋清的液体浓厚且不易扩散；坏鸡蛋蛋黄、蛋清散开，并有异味。

◎如果把鸡蛋放入水中，下沉的是鲜蛋，上浮的是陈蛋。

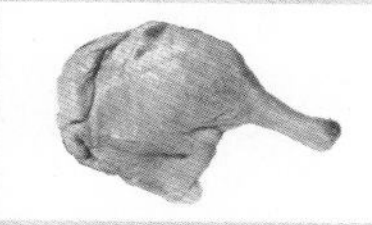

鸭肉

以肉厚、结实、具有光泽的鸭肉为佳。如果用手指在鸭腔内膜上抠几下会流出水来，说明是注过水的鸭肉，不宜选购。

鹅肉

质量好的鹅肉表皮干燥，呈白色或淡黄色并带有浅红色。

水产海鲜类

虾

要选购虾体完整、甲壳透明发亮且无明显腥臭味者。虾头过于鲜红的虾可能是使用了硼砂防止变黑，不宜购买。

螃蟹

应选择蟹壳结实有光泽、蟹腿完整无缺、手掂有重量感的生鲜螃蟹。挑选时可将螃蟹翻转成腹部朝天，能迅速用螯足弹转翻回的，表明活力强。若蟹壳暗淡无光泽，体软无力，轻拉蟹腿容易断落，闻之有明显腥臭味则表明不新鲜，不宜购买。

养殖鱼类

新鲜的鱼体表黏液透明，鱼鳞发光、完整无脱落，鱼眼透明清亮，鳃丝清晰呈鲜红色；鱼肉坚实而有弹性，用手指压凹陷处能立即复原；具有海水鱼的咸腥味或淡水鱼的土腥味，但没有过重的腥臭味。如果鱼体不整齐甚至畸形，鱼眼混浊甚至向外鼓出，鳃色变暗呈暗红色，黏液多不透明，鳞片无光泽且易脱落，鱼肉松软没有弹性，有明显腥臭则是受到污染、不新鲜的鱼，应避免购买。

野生鱼类

新鲜的野生鱼鱼眼透明、鱼体按压有弹性、无腥臭味；若是鱼眼浑浊，按压无弹性，并有腥臭味，应为变质的鱼，应避免购买。如果购买冷冻的野生鱼类，最好选择有专业冷藏设备、有信誉的商家，并且要选择肉身有弹性、肉色正常、品质坚硬、没有结霜发白的野生鱼类。

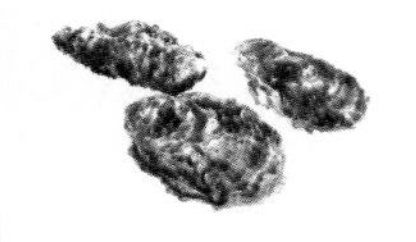

牡蛎

应挑选大小适中、色泽黑白明显者，而去壳牡蛎肉以肉质饱满、边缘乌黑者为佳。体型过大或偏白的牡蛎可能经过泡水处理，韧带处泛黄或呈白色，则表示不够新鲜，不宜购买。

	蛤蜊	选购蛤蜊以外壳完整有光泽，贝壳紧闭，剥开后体液清晰，两边呈浅红黄色，气味正常的蛤蜊。若蛤蜊外壳松弛易揭或外壳无法闭合，敲壳声音不清晰，剥开贝壳发现液体混浊，两边呈灰白色，则说明蛤蜊不新鲜或为死蛤蜊，不宜购买。蛤蜊外壳颜色淡，表示含沙量较少，若是外壳颜色过于金黄亮丽，可能经过漂白处理，应谨慎选择。
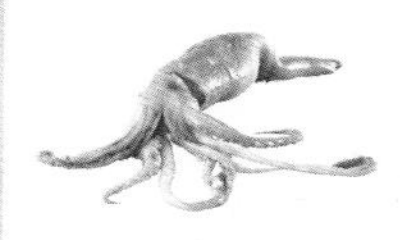	头足类水产	选购头足类水产时应挑选表皮有光泽、外层膜完整、头与足部紧密连接；眼睛透亮无浑浊、肉身紧实有弹性、肉色接近透明、无腥臭味及异味者。若购买的为活头足类水产，除了以上几项外还要选触腕吸盘有吸力者为佳。若是表皮暗淡无光泽、头足有断裂、眼睛浑浊、肉身手触无弹性，有腥臭或异味，则不宜购买。

注：头足类水产是软体动物门头足纲所有种类通称，常见有鱿鱼、章鱼等。

附录2 家常食材的清洗窍门

蔬菜类

	食材	清洗方法
	白菜	可使用储存、冲洗、浸泡、氽烫等方法去除农药残留和其他有害物质。
	韭菜	可使用冲洗、浸泡、氽烫等方法去除韭菜中的农药残留及其他有害物质。
	菜花	可使用储存、冲洗、浸泡、氽烫等方法去除菜花中的农药残留及其他有害物质。菜花比较易生菜虫，所以烹调菜花前，可将菜花放在淡盐水里浸泡10分钟，这样不仅可以驱除菜花中的菜虫，还有助于去除菜花上的残留农药。
	土豆	可使用冲洗、浸泡、去皮等方法去除土豆中的农药残留及其他有害物质。
	芦笋	可使用冲洗、碱水浸泡、氽烫等方法去除芦笋中的残留农药及其他有害物质。
	四季豆	可使用冲洗、碱水浸泡、盐水氽烫等方法去除四季豆中的农药残留及其他有害物质。四季豆的头尾两端易残留农药，清洗时应特别注意择去两端。
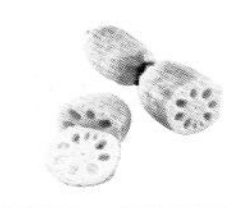	莲藕	可采用冲洗、浸泡、去皮、氽烫等多种方法去除莲藕中的农药残留及其他有害物质。

肉禽蛋类

图片	名称	清洗方法
	猪肉	将猪肉泡到淘米水中5～10分钟，既可去除腥味，也可除去附着在猪肉表面的灰尘污物等。忌用热水烫洗。
	牛肉	可使用冲洗、汆烫法减少牛肉中的有害物质。
	牛百叶	牛百叶的异味较重，所以要反复揉搓、直至清洗干净，洗的时候需要用盐和醋一起搓洗，重复3~4遍，也可以使用盐和面粉共同清洗，或者使用米粉。
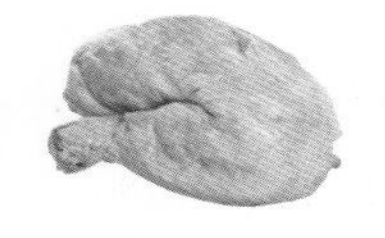	鸡肉	可采用冲洗、汆烫法去除鸡肉中的有害物质。刚宰杀的鸡会有一股腥味，可将鸡放在盆内，加上盐、胡椒粉和少许啤酒揉搓均匀，然后再用清水洗净即可。
	鸡蛋	在食用前应先用清水冲洗掉鸡蛋外壳表面的灰尘与污渍，以便去除蛋壳表面的有害物质。
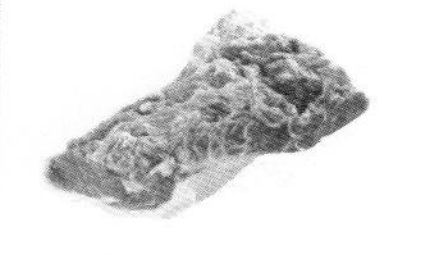	羊肉	洗羊肉时，可以把羊肉肥瘦分割，剔去中间的脂肪膜，然后把肥瘦肉分开漂洗。羊肉上如粘有绒毛，手搓不掉，水也不易洗掉，只要和上一小团面，在羊肉上滚来滚去，绒毛即可去掉。
	羊肚	羊肚有四个部分组成，在每个胃囊上开一小口，由于内壁皱褶很多，需要认真清洗，可其翻过来用盐、碱反复搓洗，以去除黏液，再用清水彻底清除秽物，直至洗净为止。在烹制前最好在放有花椒的开水中汆烫一下。
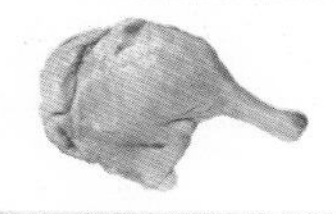	鸭肉	将鸭肉泡到淘米水中5～10分钟，既可去除腥味，也可除去附着在鸭肉表面的鸭油等。

水产海鲜类

	虾	可使用冲洗、浸泡法。
	蟹	可用冲洗、浸泡法。把螃蟹放在清水中，加入少许食用盐浸泡一会，可使其吐尽肚内脏物，用刷子把螃蟹身上的泥沙、污物刷掉，再用清水冲洗干净即可。
	养殖鱼类	买回的鲜鱼要刮鳞、去内脏、去鳃，然后使用清水彻底冲洗鱼身。清洗时可将盐撒在鱼身搓洗表面，以去除鱼腥味。
	野生鱼类	买回的鱼放在清水中浸泡15分钟，然后再用清水冲洗干净，可去除甲醛等可溶于水的有害物质。
	蛤蜊	可采用冲洗、浸泡法去除蛤蜊中的有害物质。用水冲洗干净、浸泡3～10小时（可放入少许盐），最好提前一天浸泡，然后再用清水冲洗干净即可。
	牡蛎	可采用浸泡、冲洗、汆烫法去除牡蛎中的有害物质。先将浸泡过的牡蛎捞出用清水冲洗干净，再放入沸水中汆烫，可以去除牡蛎中的有害物质和腥味。但汆烫时间不宜过久，以免肉质萎缩过快，影响口感。
	头足类水产	可采用冲洗、去皮去内脏和汆烫法去除头足类水产中的有害物质，以墨鱼为例。可先将墨鱼用清水冲洗干净，再撕去表皮，把墨鱼放入清水中拉出内脏、去掉眼珠，使其流尽墨汁，然后再用清水冲洗干净，放入沸水中汆烫。

附录3 家常食材的保存窍门

蔬菜类

食材	保存方法
 白 菜	常温下，白菜宜置于通风处保存，一般不宜超过5天；若置于冰箱中冷藏则保存时间稍长，大多为7～10天。
 韭菜	保存韭菜时可用白纸包裹后套入塑料袋中，放置于冰箱冷藏，可存放2～3天；也可用细绳将新鲜、整齐的韭菜捆好，根部朝下放在清水中，可保存3～5天。另外也可把韭菜整理好后捆—下，再用大白菜叶包裹，放在阴凉处，可存放3～5天。
 菜花	如果是短时间保存菜花，可用白纸把菜花包裹好，放入冰箱内冷藏即可，冷藏时间尽量不超过5天，以免影响口感。若需要长时间保存，可将菜花切小朵后汆烫，捞出过凉沥水，再放入冰箱冷冻室内冷冻保存。注意汆烫时不能烫得太熟，以免菜花变烂。
 西红柿	西红柿易被碰坏，应装进塑料袋中放入冰箱内保存。未成熟的西红柿则可放在室内常温中保存。
 茄子	茄子在低温中易有寒害发生，所以不宜保存过久，用保鲜膜包好之后最多可在冰箱中冷藏3天。
 油菜	油菜不适合放在冰箱中冷藏，以免储存时间过久造成亚硝酸盐沉积，从而引发癌症。
 洋葱	洋葱适宜放在室内通风处、并置于网状袋中保存，以便保证干燥、不发芽。

生菜

为防止生菜干燥，可用保鲜膜包好放在冰箱中，以保证生菜的新鲜。因生菜对乙烯较为敏感，故在储存时应避免与苹果、香蕉、梨等接触。

黑木耳

黑木耳的储存应该注意防潮，最好装在塑料袋内，并放置于密闭冷藏处保存。

土豆

土豆的保存相对简单，只需把土豆放在干燥、通风、温度低一些的地方就可以，温度不宜太高，不宜成堆放置，不然很容易生芽。若是夏天，可把新鲜的土豆放入袋子里，再放入几个绿苹果，把袋口扎紧即可。

四季豆

四季豆通常可直接放在塑料袋中置于冰箱冷藏，可保存5～7天。若想保存得更久一点，可将四季豆洗净，用盐水汆烫后沥水放凉，再放入冰箱中冷冻保存，需注意水分一定要沥干，否则冷冻过的四季豆会粘在一起。

莲藕

莲藕贮藏应尽可能选择阴凉的环境，避免阳光直射，没切过的莲藕可在室温中放置一周，但易变黑。切过的莲藕要在切口处覆以保鲜膜，放入冰箱冷藏，可保存一周左右。一般来说，莲藕切开后易氧化变黑，应尽快食用。

黄瓜

保存黄瓜时，先将其表面的水分擦干，再放入密封保鲜袋中，封好袋口后，放入冰箱冷藏即可。

丝瓜

先去蒂，再用纸包起来，置于冰箱中冷藏。这样不仅可以防止水分流失，同时还可以延缓丝瓜的老化，使丝瓜长时间保持翠绿色泽。

苦瓜

苦瓜不耐久存，在常温下的通风处一般可存放1～2天。

	南瓜	贮藏南瓜宜置于阴凉通风处，这样可保存1个月以上。
	胡萝卜	要使胡萝卜久藏而不会失去其本身的风味，应先把残留的绿茎、萝卜叶除净，然后用纸巾包裹起来，再放进冰箱冷藏保存，大约可保存1个月。冷藏胡萝卜时，不要将胡萝卜与苹果放在一起，因为苹果会散发出一种叫作乙烯的物质，容易使胡萝卜变味。
	白萝卜	经水冲洗过的白萝卜不耐久藏，最好尽快食用。未经冲洗的白萝卜宜用纸张包好，再放入冰箱冷藏，保存时间约为1个星期。
	冬笋	鲜冬笋宜带壳存放，否则会失去清香味、肉质也比较容易变硬。
	莴苣	莴苣宜置于冰箱冷藏，事先最好用纸将莴苣包好再装入保鲜袋，可保存3～4天。
	芦笋	新鲜芦笋组织很快就会纤维化，所以芦笋不宜长期保存，购买回芦笋可直接用白纸包好，置于冰箱冷藏室内保存，可维持2～3天；也可以把洗净的芦笋放入淡盐水中氽烫1分钟，捞出来放冷水中冷却，擦净水分再放入冰箱中保存，这样可以延长芦笋的保鲜时间。
	平菇	可将平菇直接装进塑料袋中，并置于干燥处保存。
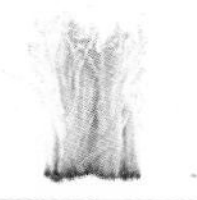	金针菇	可以将金针菇晒干，再用塑料袋包好，便于保存。
	黄花菜	干品黄花菜应放置干燥阴凉处，可保存半个月以上。

肉禽蛋类

猪肉

保存猪肉时，应避免反复冷冻，视每次所需分量加以分装贮存，以免造成猪肉变质或受细菌污染。

牛肉

买回的牛肉可依照所需分量切割，再用塑料袋或保鲜膜妥善包装，置放于冰箱冷藏约可维持1～3天，冷冻可保存1个月。牛肉是生鲜食品，低温虽然可以延长保存期限，但尽早食用为宜，并且要避免反复解冻而影响牛肉质量。

羊肉

羊肉以现购现烹为宜，暂时吃不了的羊肉，可用少许盐腌渍2天，即可保存1个星期左右。

鸡肉

鸡肉在肉类食品中是比较容易变质的，买回的鸡肉如果不马上食用，可将血水清洗干净后，依照所需分量切割，再用塑料袋或保鲜膜妥善包装，置放于冰箱冷藏可保存1～2天，冷冻可保存1个月左右，避免反复解冻食用。

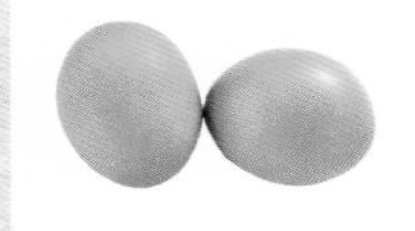

鸡蛋

鸡蛋在室温下应存放在阴凉处，可保存1周左右。若放在冰箱内保存，一般可以保鲜半个月。放置鸡蛋时要注意大头朝上，小头朝下，这样可延长鸡蛋的保存期限。

牛百叶

生的牛百叶放入保鲜盒加入适量清水，用保鲜膜包好（不密封），放入冰箱的冷冻室保存可长达一星期。如是熟的，可放冷藏室，最多可放一二天，要及时食用。

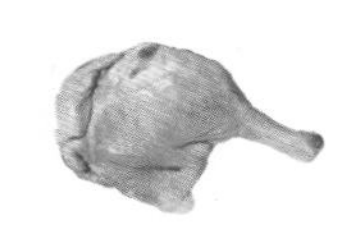

鸭肉

鸭肉在3℃左右冷室内放3～4小时，然后速冻24～40小时，再在避光干燥的的环境下冷藏，可存放35～40天，如果放在冷藏箱内（0℃～4℃）可保存7天左右，而且要尽可能把鸭肉放在架子上挂起来，不可层层堆叠。

水产海鲜类

	虾	购买回的鲜虾可洗净后用保鲜袋分装好，然后放入冰箱冷冻。
	螃蟹	用线将螃蟹绑紧，用浸透凉水的毛巾包好，但注意不要过紧，装进塑料袋（留几个透气孔）或盆里，再放入冰箱冷藏即可，可保存1周左右。
	养殖鱼类	买回的养殖鱼类处理好、清洗干净后，用毛巾擦干水分，用保鲜膜包裹好放入冰箱冷冻，可保存一个月左右。但为了保持美味，建议不要存放过久。
	野生鱼类	买回的野生鱼类处理好、清洗干净后，用毛巾擦干水分，用保鲜膜包裹好放入冰箱冷冻，可保存一个月左右。但为了保持美味，建议不要存放过久。
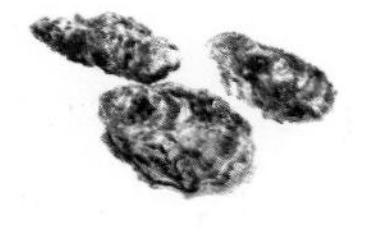	蛤蜊	买回的鲜活蛤蜊可直接放入清水中保存，每天换水一次，一般可保存3～5天。若是需要长期保存，可将蛤蜊洗净后，擦干外壳，用保鲜袋密封，放入冰箱冷冻。
	牡蛎	新鲜的牡蛎最好尽快食用，不适合长期保存。用清水冲洗干净，再放入清水中，加几滴香油，牡蛎可保存1～2天。若长期保存，可将牡蛎煮一下，捞出后去壳取肉，再用保鲜袋密封，放入冰箱冷冻即可。
	头足类水产	头足类水产可在清洗处理干净后，用保鲜膜包裹好装于塑料袋内密封，再放入冰箱冷藏，一般可保存2～3天。若是选择冷冻一般可保存2～3周。

附录4 自制家常酱料，炒菜更有味

有时候一碗平淡无常的小炒，加入一勺辣椒酱，立马就有了川湘风味；加入一勺番茄酱，就有了酸甜的口感，可以作为正餐之前的开胃小食了；加入一勺沙茶酱，餐桌上马上洋溢出一股浓浓的小资情调。

黄豆酱

用途 适合烹调，也可蘸食。

材料 黄豆、面粉、白酒、植物油、生抽、盐、白砂糖、胡椒粉、蒜末各适量。

做法 ❶黄豆碾碎，加生抽腌渍2小时。

❷面粉放入干净锅中炒至金黄有香味溢出，盛出备用。

❸锅中放植物油，爆香蒜末，倒入黄豆稍炒，加入白酒炒2分钟。

❹加入面粉、生抽、盐、白砂糖和适量清水翻炒，最后放胡椒粉翻炒均匀即可。

❺盛起放凉，装入瓶中备用。

老干妈豆豉酱

用途 可用于烹调各种菜肴。

材料 植物油500毫升，白砂糖50克，猪肉500克，朝天椒400克，大蒜200克，老姜50克，豆豉100克，花椒粉25克，花生米100克，白芝麻75克，盐70克，鸡精40克。

做法 ❶猪肉洗净切丁；朝天椒剁碎；大蒜、老姜切碎；花生米洗净备用。

❷锅中下入植物油和白砂糖，炒至出糖色，加入猪肉丁炸干水分。

❸按材料排列顺序把材料依次炸干水分再加入下一种材料，最后合炒，待冷后装瓶。

郫县豆瓣酱

用途 是烹调川菜的必备调料。

材料 鲜红辣椒2500克，干红辣椒、干豆瓣各1000克，老姜末、盐各500克，花椒1大把，高度白酒（50°以上）400克，菜籽油适量。

做法 ❶豆瓣放入清水中浸泡，然后用水冲洗干净，放入沸水中汆烫后捞出晾干，再用白酒浸泡一夜。

❷将辣椒打成辣椒酱；干红辣椒用搅拌机打成粉末。

❸辣椒酱与辣椒粉、老姜末、豆瓣、盐、花椒、菜籽油搅拌均匀。

❹将豆瓣酱装入密封的容器中，并在容器口用菜籽油封坛，发酵1个月即可。

注意 各种材料一定要沥干水分，而且要保持材料新鲜度和严格按照配比进行。

番茄酱

用途 烹调、蘸食均可。

材料 西红柿5个，冰糖30克，盐1小匙，柠檬半个（挤汁）。

做法 ❶西红柿去蒂，清洗干净，顶部用刀划十字。

❷西红柿放入沸水中汆烫大约1分钟，捞出撕去表皮。

❸将西红柿捣碎，放入锅中，加冰糖、柠檬汁，用小火煮30分钟。

❹汤汁浓稠时加入盐拌匀，装瓶即可。

注意 用来制作番茄酱的西红柿以熟透者为最佳。

剁椒酱

用途 主要用于烹饪。

材料 红辣椒1000克，盐半杯，熟芝麻少许，姜末、蒜末各半碗，高度白酒2瓶。

做法 ❶红辣椒洗净，沥干水分，彻底晾干，去蒂剁碎。

❷将辣椒碎和姜末、蒜末放入一个干净无油无水的容器中，加入盐、熟芝麻搅拌均匀。

❸装瓶，但不要装满，留出一定的空间，淋入白酒后半拧瓶盖。

❹放在阴凉通风处发酵2天，然后拧紧瓶盖，1～2周后即可食用。

注意 用来搅拌和装剁椒的器具一定要保证无水无油，否则制作出来的剁椒酱很容易变质腐烂。

花生酱

用途 主要用于蘸食，如抹面包、拌沙拉、卷馒头等。

材料 花生米、绵白糖、花生油各适量。

做法 ❶花生米放入干净锅中翻炒至熟。

❷将花生米、绵白糖一起放入搅拌机中打成粉末。

❸加入花生油继续搅打，最后装瓶即可。

注意 判断花生米是否炒熟时，可以用手取一粒花生米撮一下，若皮和瓤能脱离，说明花生米熟了。

香辣酱

用途 可用于烹调、蘸食、拌面。

材料 干红辣椒50克，熟花生米250克，白芝麻20克，大蒜、姜、豆豉、酱油、白糖、五香粉、盐各适量。

做法 ❶将干辣椒洗净，切末；熟花生米碾碎；姜、大蒜均去皮，切末；豆豉用清水稍微冲洗一下，剁碎；锅中加油烧热，倒入蒜末、豆豉碎、姜末炒香。

❷然后下花生米碎末、干辣椒碎末、盐、白芝麻、五香粉、白糖炒匀。

❸转小火翻炒5分钟左右，倒入适量酱油翻匀，煮3分钟即可关火，晾凉后装入密封无水容器中，放入冰箱保存。

注意 自制香辣酱时，一定要保证各种食材的清洁状况良好；一次不要做得太多，存放的时间不要太长，最好在短时间内食用完。

芝麻酱

用途 烹调、蘸食均可。

材料 黑芝麻500克，白芝麻100克。

做法 ❶黑芝麻、白芝麻洗净，沥干水分，然后入热锅中用小火慢慢炒熟。

❷待黑、白芝麻都熟透后盛出，充分晾凉。

❸将黑、白芝麻放入搅拌机的研磨杯中，摁下搅打键开始搅打，待芝麻出油成块后加少许水继续打到自己想要的浓稠程度即可。

注意 芝麻酱一定要炒熟之后再搅打，否则打出的芝麻酱不能直接食用；如果直接食用，则易引发肠胃不适。

香辣牛肉酱

用途 多用于蘸食、煮面。

材料 牛里脊肉200克，干香菇20克，葱、姜、大蒜、生抽、料酒、豆豉辣酱、豆瓣酱各适量。

做法 ❶香菇泡发，捞出，挤干水分，切末；葱、姜洗净，均切末；大蒜切片；牛里脊肉洗净，剁成末，加生抽、料酒、葱末、蒜片拌匀，腌渍30分钟。

❷锅置火上，加油烧热，爆香姜末，下入腌渍好的牛肉末翻炒至变色。

❸然后下入香菇末，用中火翻炒均匀。

❹最后加入豆豉辣酱、豆瓣酱翻炒均匀，加入少量水，用大火烧开，转中小火熬至浓稠，晾凉后装入密封的容器，放入冰箱中冷藏即可。

注意 厨房中的酱还很多，如甜面酱、果酱等，还有一些平时并不常用的沙茶酱、海鲜酱、豆豉酱，即使这些酱并不能都自己在家里制作，但了解了这些酱的风味特点，也可以在做菜的时候换个吃法，给生活加点料。

沙茶酱

用途 蘸食、佐餐，烹制各种佳肴调，制别的风味。

材料 A.平鱼干70克，干虾仁30克；B.油炸过的大蒜4瓣，干淀粉适量，油炸过的葱末半小匙，盐、胡椒粉各少许；C.香油1小匙，花生油2小匙。

做法 ❶准备齐用料。

❷将鱼干、干虾仁一起放入烤箱中烤干，取出后与调料B一起研磨成细粉末状，再倒入大碗中，并加入调料C搅拌均匀即可。

醪糟

用途 佐餐，烹制各种佳肴调，制别的风味。

材料 糯米、酒曲各适量。

做法 ❶将糯米蒸熟后晾凉，至不烫手时铲出一部分，装入发酵容器中，平铺一层即可。

❷将捻成粉末状的酒曲均匀地撒在米饭上，再铲出一些糯米放在其上，再撒一层酒曲，像这样一层一层码好，一般码4层即可。

❸将容器密封保存于闭光、干燥适宜的温度下，并用厚毛巾包裹容器以保温，大约2天后即可取出食用。